城镇居民生活污水污染物产生量
测定方法构建与实践

孙永利　著

中国建筑工业出版社

图书在版编目（CIP）数据

城镇居民生活污水污染物产生量测定方法构建与实践 /
孙永利著 . —北京 : 中国建筑工业出版社 , 2023.11
ISBN 978-7-112-29252-3

Ⅰ.①城… Ⅱ.①孙… Ⅲ.①城镇—居民—生活污水
—水污染物—排污量—测定—研究 Ⅳ.①X52

中国国家版本馆 CIP 数据核字（2023）第 184232 号

为详细解读城镇居民生活污水污染物产生量测定原理及方法，明确测定装置与数据平台研发的技术要点，让更多的科研机构、设计咨询机构、高等院校、运营单位、设备制造企业参与相关工程基础理论研究和基础参数测定工作，更好地共同助力行业发展和科技进步，编写了本书。

本书共包括标准方法编制要点说明，测定装置与数据平台研发，现场安装、调试与测定三部分。行业主管部门、科研机构、设计咨询机构、设备制造企业、运营单位可根据实际需要选择相关章节重点关注。

责任编辑：徐仲莉　张　磊
责任校对：赵　颖
校对整理：孙　莹

城镇居民生活污水污染物产生量测定方法构建与实践

孙永利　著

*

中国建筑工业出版社出版、发行（北京海淀三里河路9号）
各地新华书店、建筑书店经销
北京光大印艺文化发展有限公司制版
北京中科印刷有限公司印刷

*

开本：787毫米×960毫米　1/16　印张：13½　字数：198千字
2023年11月第一版　2023年11月第一次印刷
定价：65.00元
ISBN 978-7-112-29252-3
（41945）

序

党的十八大以来，在习近平总书记生态文明思想的指引下，我国的城市排水行业和城镇水环境治理工作逐步从规模增长向效能提升转型，步入高质量发展、高效能治理的新阶段。

长期以来，我国一直以"污水处理率"作为衡量城镇排水行业工作绩效的指标，而这项指标的统计是以污水处理厂的实际处理水量与自来水产污量（即：以自来水的实际用量乘以产污系数，一般取 0.85）的比值而得，未考虑污水水质和外水进入管网等因素，缺乏科学性，也难以真实地反映工作实效。根据《2022 年城乡建设统计年鉴》，2022 年我国城市污水处理率已达 98.11%。污水处理厂实际进水"稀汤寡水"，污水处理浓度偏低（全国 COD 平均浓度不足 200mg/L，远低于 350mg/L 的设计标准，与发达国家相比差距甚大），并未将统计指标所显示的实际污水量收集处理到位。且由于"稀汤寡水"，一方面碳氮比严重失调，增加了污水处理达标排放的难度和不必要的能耗，污水处理厂效能低下；另一方面实际污水收集率低、城市黑臭水体现象普遍，不能真实地反映城市污水收集处理情况。2010 年、2011 年我先后到德国和英国考察交流城市污水处理，发现这两个国家并不统计污水处理率，也不以此作为城市污水处理的评价指标，而是以"污水收集覆盖率"作为城市污水处理实效的评价指标，常年对污染物和水量负荷进行跟踪统计和校核。污染物负荷是以人的污染排放，即每人每天排放的 BOD、SS、TN、NH_3-N、TP、水量等作为基本当量，例如英国每人每天污染物排放：BOD 60g、SS 70g、TN 12g、NH_3-N 8g、TP 2.5g、污水量 125L。同时，他们还将城市的工商业污废水也折合成以人污染为单位的污染当量，作为掌握城市污水处理底数的一项基础性工作。这也是我们在国际交流时，很多国家介绍污水厂规模时以若干"人/天"，而我们以"吨水/天"的差异所在。在这方面，我们的基础性工作严重滞后。

2019 年 4 月，住房和城乡建设部、生态环境部、国家发展改革委联合印发的《城镇污水处理提质增效三年行动方案（2019—2021 年）》首次提出了"城市生活污水集中收集率"新的行业绩效评价指标，并将城镇污水处理厂进水 BOD 浓度提升作为城镇排水行业的导向型考核指标，有利于引导排水行业更加关注设施的系统性，而不是只关注污水厂的处理达标，进一步明确了城镇排水行业转型发展、系统提质增效的发展方向。

"城市生活污水集中收集率"作为重要的基础核算指标，对掌握城镇居民生活污水污染物产生量的底数尤为重要。除此之外，该指标也是城镇污水收集处理设施工程设计、系统效能评估和碳排放核算的重要参数。中国市政工程华北设计研究总院有限公司孙永利同志的科研团队一直致力于城镇居民生活污水污染物产生量测定方面的研究工作，针对精准计量污水排放量、污水污染物产生量与实际排污人口对应等难题，提出了以居民楼宇为基本测定单元的测试方法，研发了相应的标准化测试装备、取样检测程序和数据整理核算方法，并在常州、深圳等地开展了居民楼宇测试的试验性工作。中国城镇供水排水协会为了尽快摸清城镇污水排放底数，积极推广其测定方法，2020 年下达将此研究成果编制中国城镇供水排水协会团体标准《城镇居民生活污水污染物产生量测定》T/CUWA 10101—2021 的工作计划，该标准于 2021 年 6 月正式发布实施。2021 年中国城镇供水排水协会城镇排水分会在武汉排水行业提质增效研讨会上明确提出，希望各地能够积极贯彻落实《城镇居民生活污水污染物产生量测定》T/CUWA 10101—2021 标准，尽快开展人均排放当量测定工作。

本书是孙永利研究团队就这项探索性工作取得成果的全面总结和凝练。我相信本书的出版发行，可以帮助读者更好地理解《城镇居民生活污水污染物产生量测定》T/CUWA 10101—2021 标准的内涵和技术思路，有利于该标准的实施，从而加快补齐我国排水行业基础性工作的短板，助力行业早日实现高质量发展目标。

二零二三年十月于京华

随着城市黑臭水体整治和城镇污水处理提质增效工作的推进，城镇排水与污水处理行业的工作重点逐渐由"规模增长"和"标准提升"转向"效能提升"，由单纯的"污水处理量"考核转向"污染物收集处理量"考核，传统的"污水处理率"考核指标与新时代绿色低碳高质量的行业发展目标的不适应性日渐突出。经过多年的行业研讨和数据测算，住房和城乡建设部最终选定"城市生活污水集中收集率"作为替代"污水处理率"的新指标，并于 2018 年 11 月 16 日～18 日在福州市举办的"城市供水安全与污水处理提质增效培训班"上首次在住房和城乡建设系统内部公开指标涵义及测算方法，要求各地进行指标试统计。目前该指标已经被列入 2019 年 4 月住房和城乡建设部、生态环境部和国家发展改革委联合印发的《城镇污水处理提质增效三年行动方案（2019—2021 年）》、2020 年 2 月国家发展改革委印发的《美丽中国建设评估指标体系及实施方案》，以及 2022 年 3 月住房和城乡建设部、生态环境部、国家发展改革委和水利部共同印发的《深入打好城市黑臭水体治理攻坚战实施方案》等国家各类涉水类政策文件，并于 2021 年正式被纳入住房和城乡建设系统新的统计指标体系，表明"城市生活污水集中收集率"已经成为城镇排水与污水处理行业新的考核评估指标，这对指标计算涉及的各项基础指标的数值获取、数据准确性及验证方法提出更高的要求。

城镇居民生活污水污染物排放量是指在城镇居民日常生活过程中产生，并通过洗漱、大小便、洗浴、洗衣、厨房用水等生活用水排放，经管道输送过程正常衰减后进入污水处理设施或水环境的污染物量，也即生活污水污染物产生量与管网输送过程理论衰减系数的乘积，以每人每天的量折算，因此也称为城镇居民人均日生活污水污染物排放量，是计算"城市生活污水集中收集率"的重要基础指标。可以预见，在今后很长一段时间内，城镇居民生活污水污染物产生量和排放量、管网输送过程理论衰减系数的研究将会备受行业关注，大量城市将先行先试开展测试工作，一大批环保行业的科研机构、设计咨询机构、设备制造企业的学者、工程师、设计师等将投身其中。

得益于相对完善的城市排水管网系统，国外学者可直接通过城镇污水处理厂进水污染物浓度、服务人口等数据进行城镇居民人均日生活污水污染物排放量的核算，因此对城镇居民人均日生活污水污染物产生量或排放量，以及污染物收集输送过程衰减的研究并不多见。目前我国城市排水管网普遍存在质量低下、沉积突出、清水入流入渗严重等问题，城镇污水处理厂进水水量、污染物浓度与污水管网收集的理论污水量与污染物浓度存在较大的偏差，现阶段该核算方法在我国的适用性有待进一步研究和商榷。

中国市政工程华北设计研究总院有限公司研究团队以行业需求和实际问题为导向，经多年研究和技术攻关，构建了以典型居民楼宇为测定单元的人均日生活污水污染物产生量测定方法，并联合江苏一环集团有限公司、宜兴市普天视电子有限公司等单位共同研发了成套测定装置和数据平台，在常州市排水管理处、常州市城市排水监测站等单位的配合下，选择常州市某高层居民楼宇，于2019年9至2020年12月开展了居民生活污水污染物产排情况的测试工作，获得大量真实有效的第一手数据，在此基础上编制中国城镇供水排水协会团体标准《城镇居民生活污水污染物产生量测定》T/CUWA 10101—2021，该标准于2021年6月8日发布，自2021年9月1日起实施。2022年5月，中国市政工程华北设计研究总院有限公司联合深圳市水务（集团）有限公司中标深圳市水务局2个居民小区累计200天的跟踪测试工作，目前已正式启动第1个小区的跟踪测试，同步开展第2个小区的测试方案设计，为测定装置和数据平台的标准化提供了重要基础，为其他城市和地区开展相关测定工作提供了有益借鉴。

为详细解读城镇居民生活污水污染物产生量测定原理及方法，明确测定装置与数据平台研发的技术要点，让更多的科研机构、设计咨询机构、高等院校、运营单位、设备制造企业参与相关工程基础理论研究和基础参数测定工作，更好地助力行业发展和科技进步，标准编写团队组织编写了本书。本书共包括标准方法编制要点说明，测定装置与数据平台研发，现场安装、调试与测定三部分，行业主管部门、科研机构、设计咨询机构、设备制造企业、运营单位可根据实际需要选择相关章节重点关注。

　　全书由中国市政工程华北设计研究总院有限公司牵头完成，孙永利主编和定稿，张维统稿，第一部分为中国城镇供水排水协会团体标准《城镇居民生活污水污染物产生量测定》T/CUWA 10101—2021 的重新梳理；第二部分完成人为张维、刘静、王诣达、顾淼、李劢、高晨晨；第三部分完成人为王诣达、顾淼、刘智晓、张维、田腾飞、马换梅、李劢。

　　感谢住房和城乡建设部相关部门对测定方法研究与工程实践的支持，感谢中国城镇供水排水协会对方法标准化工作的支持，感谢江苏一环集团有限公司、常州市排水管理处、常州市城市排水监测站、宜兴市普天视电子有限公司等单位对测定装置研发和验证工作的积极配合，感谢深圳市水务局、深圳市水务（集团）有限公司在应用工程落地等方面的大力支持和积极参与，感谢深圳市水务（集团）有限公司张金松总工在深圳项目实施过程中给予的帮助和指导，感谢李艺、李树苑、杭世珺、杨向平、田永英、王洪臣、孙德智、刘翔、何伶俊、甘一萍、李激等行业知名专家在方法构建和本书编著过程中提出的宝贵意见和建议。

　　由于时间仓促，加之作者水平有限，书中不足和疏漏之处在所难免，敬请同行和读者批评指正。

目 录

第一部分　标准方法编制要点说明

第二部分 测定装置与数据平台研发

第三部分 现场安装、调试与测定

第一部分
标准方法编制要点说明

随着城市黑臭水体整治和城镇污水处理提质增效工作的推进，城镇排水与污水处理行业的工作重点逐渐由"规模增长"和"标准提升"转向"效能提升"，由单纯的"污水处理量"考核转向"污染物收集处理量"考核，传统的"污水处理率"考核指标与新时代污水处理行业发展目标的不适应性日渐突出。经过多年的行业研讨和数据测算，住房和城乡建设部于2018年部署各地住房和城乡建设系统开展了"城市生活污水集中收集率"的试统计工作，随后该指标列入2019年4月住房和城乡建设部、生态环境部和国家发展改革委联合印发的《城镇污水处理提质增效三年行动方案（2019—2021年）》，国家发展改革委于2020年2月印发的《美丽中国建设评估指标体系及实施方案》也将"城市生活污水集中收集率"列为重要的考核指标，表明"城市生活污水集中收集率"已经成为城镇污水处理行业新的考核评估指标，这对该指标计算公式中涉及的各项基础指标的数据获取、数据准确性及验证方法提出更高的要求。

"城市生活污水集中收集率"的计算涉及污水处理厂进厂水量、污水处理厂进水污染物浓度、城区用水总人口和人均日生活污染物排放量四项基础指标。其中，污水处理厂进厂水量和进水污染物浓度两项指标主要来源于"全国城镇污水处理管理信息系统"的数据支撑，本方法研究团队已经配合住房和城乡建设部城市建设司完成了大量数据校核工作，基本上可以确保数据的真实性和有效性；城区用水总人口属于统计行业关注的重点指标，随着统计工作的进一步深化和高科技的介入，该数据的准确性将逐渐得到完善；但是作为支撑"城市生活污水集中收集率"指标计算的关键基础指标，人均日生活污染物排放量的相关研究略显不足，除《室外排水设计标准》GB 50014—2021外，目前国内还没有得到行业广泛认可的相关数据。

"城市生活污水集中收集率"计算公式中的城镇居民生活污水污染物排放量是指城镇居民日常生活过程中产生，并通过洗漱、大小便、洗浴、洗涤、厨房用水等生活用水排放，在管道输送过程中经正常衰减后进入污水处理设施或水环境的污染物量，也即居民生活污水污染物产生量与管网输送过程理论衰减系数的乘积。研究团队对城镇居民生活污水污染物产生量和排放量的国内外研究情况进行了系统总结分析，发达国家的学者对污水管网输送过程理论衰减系数的研究相对较多，有很多具有较高参考价值的理论数据，但对城镇居民生活污水污染物产生量或排放量，尤其是产生量的研究并不多见，其数据多数直接采用污水处理厂进厂浓度、过程衰减系数、服务范围内用水人口等数据核算。这主要得益于国外完善的排水管网系统，而目前我国的排水管网普遍存在质量较差、渗漏严重、沉积突出等问题，该核算方法在我国的适用性有待商榷。

城镇居民生活污水污染物量是《室外排水设计标准》GB 50014—2021的重要参数，也是预测污水处理厂进厂浓度的重要指标，该标准中明确了各种污染物指标的取值范围，但并未明确标注该数据是产生量还是排放量，根据数据用途和相关说明文件，可直接将其界定为污染物排放量。目前该参数取值主要参考欧美、日本等发达国家和地区，而非国内实测或相关研究结果，在参数取值方面，《室外排水设计规范》GB 50014—2006（2016年版）中使用的人均日 BOD_5 量推荐值为 25g/（人·d）～50g/（人·d），而《室外排水设计标准》GB 50014—2021直接调整为40g/（人·d）～60g/（人·d），取值合理性有待验证，是否需考虑南北方及地区差异有待进一步研究。

行业新指标的提出及工程设计精细化的要求决定了需要就城镇居民生活污水污染物产生量开展基础性研究，因此"十二五""十三五"期间国家科研项目也将其测定工作列为重要的研究内容，国内部分高校、科研机构也开展了一系列测试和测算工作。总体而言，现有的测算方法可归纳为三种：居民排放跟踪测算法、小区总排口测算法和以污水处理厂为基准的统计核算法。

居民排放跟踪测算法是指对特定人群一天排放的所有污水污染物进行收集、计量、检测和核算，并最终计算人均日生活污水排放量、污染物产生量及污水污染物排放浓度的方法。国内一些高校、科研机构采用上述方法在广州、长沙、北京、上海等地开展了相关测试，但可检索的研究成果大多以硕士学位论文为主。由于该测试方法需要对特定人群的洗漱水、洗头水、洗澡水、厨房用水、洗衣用水、大扫除用水、大小便等进行分类收集和计量，通常需要对部分室内排水管道进行改造，放置多个污水收集桶并定期搬运或现场混合取样，在样品收集保存方面存在一定的操作难度，通常情况下可选择的测试人群数量相对较少，被测定人群的个体差异对测定结果的影响相对较大；大小便多数直接使用专用容器收集，并按便器标准冲洗水量进行校核，大小便的收集和精确计量难度较大。另外，多数学位论文中并没有提及对被测试人群离开住所之后排放污水污染物（大小便、洗手水等）的分类收集，也就是说多数只是对居民居家期间的污水污染物进行收集，这对于工薪阶层、学生等白天需要长时间外出的群体而言，并没有实现污水污染物的全收集，以所收集污水污染物量与被测定群体总人数的比值作为人均产污量，存在污水污染物量与排污人口不对应问题。

小区总排口测算法是指直接选取居民小区污水总排口进行取样、检测和核算的方法，是近年来工程界应用比较多的方法，尤其是城镇污水处理提质增效工作实施以来，众多工程咨询和设计团队采用上述测试方法。但由于存在小区内居民人数初始值不容易核定、进出人数难以准确记录、机动车内人数无法精准识别统计等问题，该方法通常只能通过简单的统计作息规律进行排污人数预测，并不能真正意义上精确核算居民小区真正的排污人口，对测算结果的影响相对较大；居民小区污水总排口一般不具备污水流量计量条件，难以对污水排放量进行精准计量；居民小区污水排放量相对较大，即使对居民小区 1h 的排水进行收集混合，也需要相对较大容积的收集装置，可操作性较差，因此多数只能取瞬时水样或者多个瞬时水样的混合样，样品的代表性差，难以规避居民排放污水污染物浓度波动对总体结果的影响；部分小区内已经出现外水入渗 / 入流问题，小区总排口污染物浓度远低于楼宇排口，上述问题最终表现为无法计算污染物浓度的加权平均值、无法测算人均排污情况等问题。由此可见，尽管生活小区有足够的人口样本量，但受居民生活习惯的影响，一天不同时段内污水污染物产生排放量差异较大，以小区出水总排口为测试对象的方法存在水质数据代表性差、污水排放量难以精准计量、实际排污人口无法准确核算等问题，最终的计算结果无法准确表征居民实际的生活污水污染物产排情况。

以污水处理厂为基准的统计核算法是指根据污水处理厂进水污染物浓度、污水处理量、污染物过程衰减系数以及所服务区域内排污人口官方统计数据进行人均日污水污染物产生量测算的方法，属于典型的以城市或区域为级别的核算方法。由于计算数据较容易获取，该方法成为欧洲、美国等排水管网相对完善的发达国家和地区常用的核算方法。但采用该方法的前提是所测算人口排放的污水污染物全部收集（即"城市生活污水集中收集率"相对较高）、非生活类污水污染物占比较小（即无工业废水排放、清水掺混等因素影响）、居民排放的污水快速进入污水处理厂（即一定的流速要求，减少物理沉淀和生物降解衰减量），但我国大部分城市排水管网并不具备上述特征，导致该方法的核算结果会与实际情况形成较大差距，这也是第二次全国污染源普查采用上述方法核算出我国较发达城市 BOD_5 产生量为 20g/（人·d）～ 32g/（人·d），一般城市 BOD_5 产生量为 13g/（人·d）～ 25g/（人·d），远低于欧洲、美国等发达国家和地区的推荐值，与《室外排水设计标准》GB 50014—2021 也有较大偏差的重要原因。

综上所述，现有测算方法难以准确反映我国城镇排水系统的实际问题，测算结果无法真实表征城镇居民日常生活污水污染物的实际产排水平，相关数据结果也不能用于指导城镇污水处理工程规划、设计与行业管理工作，亟须研究构建一种科学、准确、适用性和操作性强的城镇居民生活污水污染物产生量测定方法，为各城市开展相关工作提供方法依据和参考，为进一步推进城镇污水处理提质增效和城市黑臭水体治理工作提供技术支撑。

中国市政工程华北设计研究总院有限公司和国家城市给水排水工程技术研究中心研究团队以需求和问题为导向，经过多年的深入研究和技术攻关，创新构建了以典型居民楼宇为测定单元的城镇居民生活污水污染物产生量测定方法。该方法首次提出以居住人口达到一定规模的代表性居民楼宇作为测定对象，通过对一个 24h 测定周期不同取样时间段楼宇内实际停留的居民所排放的生活污水进行全收集和取样检测，对不同取样时间段楼宇内的排污人口进行全口径统计，并按居民的实际停留时间进行排污当量人口核算，进而完成楼宇内居民生活污水污染物产生量的计算，有效解决了传统方法中污水排放计量不准确、排污人口核算困难、污水污染物产生量与实际排污人口难对应等关键问题。总体而言，该方法具有以下特点：

——以居民楼宇为测定范围，但并不是将楼宇内所有居住人口列为测定对象，而是以不同时间段楼宇内实际停留的居民为测定对象，这样可以保证所收集污水污染物量与排污人口有效对应。

——选择居住人数相对较多的居民楼宇，可以保证测定样本的数量，避免个体差异对测定结果的影响；较多数量的城镇居民排污量的平均值一定程度上可以代表本区域居民的平均排污水平。

——基于楼宇内居民排污规律，按照取样时间段将 24h 测定周期内排放的污水分为若干份，每个取样时间段只需要收集 $1m^3 \sim 2m^3$ 的污水量，可尽量减小收集计量装置的容积，确保整个测定装置的规格尺寸比较容易在居民小区落地。

——按若干个取样时间段进行排污当量人口核算，缩短排污当量人口核算的时间跨度，使每个时间段楼宇内居民人数相对平稳，降低楼宇内居民人数波动对排污当量人口核算的影响。

——在不影响居民正常生活的情况下，通过居民出入计数系统完成楼宇内居民进出情况的精准识别与记录，实现每个取样时间段排污当量人口的精准核算。

——以楼宇内居民实际停留时间作为排污当量人口的核算基准，避免工作人员、流动人员或居民短期停留对测定结果的影响；测定过程不做人脸识别，不对人员属性进行甄别，确保测定方法的可实施性。

——以污水收集计量装置的取样时间段作为居民出入计数系统排污当量人口核算的时间跨度，实现排污人口与排污量的准确对应。

为进一步验证上述方法的可行性和可操作性，研究团队联合江苏一环集团有限公司、宜兴市普天视电子有限公司等单位共同研发了满足方法要求的测定装置，并在常州市排水管理处、常州市城市排水监测站等单位的密切配合下，选择常州市某居住人口 200 人以上的高层居民楼宇进行装置安装和调试，并分别于 2019 年 10 月～ 12 月、2020 年 6 月～ 7 月进行居民生活污水污染物产排情况的测定工作，目前已初步获得该楼宇内居民两个季节的生活污水排放量、污染物排放浓度、污染物产生量和各污染物浓度比值及其时间变化规律数据，掌握了测定工作的基本要求，并对装置配置、测定流程和数据处理方法做了进一步验证和优化，基本实现了测定装置的成套化和标准化，为标准化测定方法的提出奠定良好的基础。

鉴于全国各地居民生产生活方式的不同，城镇居民生活污水污染物产生量可能存在明显的区域差别，需要在全国不同区域选择不同行政规模和经济发展水平的居民楼宇开展测定工作；即使在同一个城市内，每个楼宇内居民的经济水平和日常生产生活习惯也会有明显差异，有条件时应在每个城市内选择多个居民楼宇开展测定工作，对不同区域内居民排污规律的趋同性进行验证；另外，城镇居民的生活习惯会有明显的季节性差异，导致污水排放量和污染物排放浓度有明显的季节性区别，甚至日变化差异，每个居民楼宇的测定工作应涵盖一年四季，每个季节也应有数日至数十日的测定数据，才能用于计算本楼宇或本区域居民日常生活污水污染物的产排水平。

虽然这属于研究团队的专有技术方法，但我们并不反对有志于该项研究工作的科研机构、高等院校、运营单位、设备生产企业按照本测定方法的要求研制相关装备产品、数据平台并开展测试工作，共同助力城镇排水与污水处理行业发展和科技进步。

1 范围

本标准确立了以居民楼宇为基本测定单元的城镇居民生活污水污染物产生量的测定原理、测定条件与装备、测定流程、结果计算及质量保证和质量控制。

本标准适用于城镇居民生活污水污染物产生量的测定，也可同步测定城镇居民生活污水排放量及污染物浓度。

办公场所工作期间的生活污水污染物产生量测定可参照使用本标准。

【条文说明】

城镇居民生活污水污染物产生量测定应符合三个条件：一是应具有足够大的被测定群体人数，且被测定群体中应涵盖老、中、青、幼各个年龄层，以降低经济水平、生活习惯、年龄分布等个体差异对测定结果的影响；二是应精准计量被测定群体排放的所有生活污水，并取完全混合样进行污染物浓度测试，避免水量和污染物浓度波动对测定结果的影响；三是应准确掌握测定周期内被测定群体的人员流动情况，尽量做到排放的污水污染物与排污人口对应。

本测定方法的基本假设条件包括：居民日常生活习惯及生活污水污染物产排规律不会因所处场所和环境条件变化而发生很大的变化，也就是说无论是在家、办公场所或是其他场所，其每天各时间段的排污行为基本上变化不大；被测定群体人数达到一定规模后，居民生活污水污染物产生量与测定人群中的个体排污行为关系不大，且测定结果基本可以代表本区域公众的普遍水平。

本测定方法以"居民楼宇"作为测定单元，并在"测定条件与装备"部分对被测定楼宇的居住人口规模等基本条件做出明确规定，可确保被测定群体的代表性和覆盖度；被测定楼宇内居民24h排放的污水量相对较大，全部一次性收集需要相对较大的蓄水池容积，增大了整个收集装置的规格尺寸，在小区内通常难以解决占地问题，拆分为20多个比较短的"取样时间段"可使计量池容积大幅度减小，很容易解决收集容器规格尺寸等问题；楼宇内居民在测定期间需要出门上班、购物、休闲娱乐等，期间也会有工作人员和流动人员进入楼宇内做短时间停留，这些较为频繁的"进""出"会导致楼宇内实际停留的居民人数呈现较大的波动性，尤其是楼宇内居民人数较少的上班时段和居民人数相对较多的夜间时段，居民人数可能相差3倍～5倍甚至更多。将24h拆分成20多个取样时间段，可尽量使每个取样时间段的居民人数趋于平稳，缩小每个取样时间段楼宇内居民人数频繁波动对排污当量人口核算精准度的影响，确保每个取样时间段"排污人口"与"排污量"对应。

随着快递、物流业的快速发展，居民楼宇内经常会出现快递、物流人员，有时也会有保洁、收费、维修等物业工作人员进出，这些人会被识别为"楼宇内居民"，对测定工作产生一定的影响。为解决这些短时间停留人员对测定结果的影响问题，本测定方法采用楼宇内居民的"停留时间"作为"排污当量人口"核算的基准值，也就是说本测定方法不是仅关心楼宇内有多少人，更重要的是关注这些人在楼宇内停留了多长时间。在这种情况下，停留时间相对较短的物流人员或工作人员，所核算出的"排污当量人口"也相对较小，对每个取样时间段内的"排污当量人口"没有实质性影响，基本可以忽略不计。如快递人员平均每次进入居民楼宇的时间按3min计算，则对于1h的取样时间段而言，快递人员的"排污当量人口"仅为3/60，也即0.05人，对于不少于50人的取样时间段而言，也只是0.1%的影响。

本测定方法的另一个特征在于虽然以"居民楼宇"作为测定单元，但并不是要对"居民楼宇"内所有"居住人口"的排污量进行收集和测定，因为这种方法在当今社会通常是行不通的，例如被测定楼宇内居民上班、游玩或出差期间排放的污水几乎不可能按测定要求进行收集，也就是说"排污人口"不应该是一个固定群体。而本测定方法只是将测定范围限定在"居民楼宇"，将测定对象限定为每个取样时间段在楼宇内实际停留的居民，而非"楼宇内居住人口"，以每个取样时间段楼宇内实际停留的居民作为测定对象进行该取样时间段人均污水污染物产生量的测算对象，使用其测定结果来表征城镇居民在该时间段的排污情况，也就是以几十人的排污水平表征几百个"楼宇内居住人口"，进而代表某个区域的人均排污水平，与几百人代表整个区域居民的排污水平具有同等效果。

本条目明确"办公场所工作期间的生活污水污染物产生量测定可参照使用本标准"，表明本方法也可用于对特定办公楼宇"上班族"的生活污水污染物产排情况进行测算，用于了解和掌握"上班族"群体在上班期间的排污情况，并可与相同时间段楼宇内居民排污情况进行对比分析，但这种对办公楼宇内工作人员排污情况的测定一般不应包括早、中、晚就餐阶段，因为无法真正意义上实现"排污量"与"排污人口"的对应。原则上建议所测试办公楼宇的办公排水相对独立，不能有外部餐饮排入，楼宇内部餐饮原则上也不应进入污水收集计量装置，否则会对某些时间段的测定结果造成较大影响。办公楼宇排污测定结果只能代表工作日上班期间"上班族"的排污情况，并不能准确进行"人均日"污水污染物产生量的测算，因此本条目使用了"工作期间"字眼。

对于餐饮、酒店、商场等营业场所，由于管理服务人员、外卖人员等的存在，场所内的实际就餐人数与排污人数存在较大差别，无法将就餐相关的污水污染物与餐饮场所内实际人数形成对应关系；而且餐饮行业餐前准备和餐后清洁期间产生的污水污染物无法与就餐顾客的就餐时间段对应，目前大部分商场存在上述问题。也就是说由于生活污水污染物总量与排污人口无法精准对应，再加上商场、餐饮业从业时间的不连续性，该方法并不能真正用于上述场所人均日生活污水污染物产生量的测定，即使用于某个时间段，也普遍存在排污总量无法与排污人口对应的问题。另外，众多的研究结果已经表明，餐饮、酒店、商场内消费者占城市总人口的比例并不高，而且餐饮行业产生的污染物更多的是通过餐厨垃圾、厨余废弃物或其他垃圾的形式排出，进入污水的污染物中油脂类物质含量相对较高，但其他类型污染物在城市居民生活污水污染物总量的占比相对较低，在城镇居民生活污水污染物产生量测定中可忽略不计。

需要说明的是，考虑到周末和节假日外出就餐或点外卖的人数增加，减少了本应在家的洗菜、做饭、洗碗、刷锅等生活污水产生量和污染物产生量，周末和节假日的生活规律变化也会影响整体测试结果，节假日保洁、洗涤等行为也会加大污水污染物的瞬时排放量，就餐还可能出现醉酒呕吐等行为，上述现象对测定结果都会产生相对较大的影响，因此不建议将周末和节假日的测定结果纳入指标核算范围。

目前，我国大部分城市居民楼宇都存在雨水管道混接到污水管道的风险，再加上城市黑臭水体治理和污水处理提质增效工作的推进，大部分城市开展了楼宇雨水立管改造为污水管道的截污工作，上述情况决定了存在雨水、雪水进入污水收集计量装置的可能，其对测定方法的最大考验是可能增加装置接收的"总排水量"，从而缩短每个取样时间段的时间长度，使24h的取样时间段数量超过24个，即超过现行商业化采样器的最大采样瓶数量，这就需要在测定过程中更换采样瓶，存在一定的实施难度。并不是说这个测定方法不能用于降雨、降雪日的居民生活污水污染物测定，而是因为国内居民楼宇普遍存在的错接混接导致雨水、雪水掺混污水，污水收集取样过程中需要进行采样瓶更换操作，通常存在一定的实施难度，因此不建议在降雨或降雪天开展测定。

另外，"上班时间段"3岁～60岁居民多数处于上学或上班状态，被测定楼宇内以中老年群体为主，中老年、中青年、少年群体之间是否存在排污差异，"上班时间段"的中老年群体是否可表征被测定楼宇所在区域"所有人"的排污情况，是未来需要进一步研究的话题。

2 规范性引用文件

下列文件中的内容通过文中的规范性引用而构成本标准必不可少的条款。其中，注日期的引用文件，仅该日期对应的版本适用于本标准；不注日期的引用文件，其最新版本（包括所有的修改单）适用于本标准。

GB 11893　水质　总磷的测定　钼酸铵分光光度法

GA/T 1127　安全防范视频监控摄像机通用技术要求

HJ 84　水质　无机阴离子（F^-、Cl^-、NO_2^-、Br^-、NO_3^-、PO_4^{3-}、SO_3^{2-}、SO_4^{2-}）的测定　离子色谱法

HJ/T 372　水质　自动采样器技术要求及检测方法

HJ 493　水质　样品的保存和管理技术规定

HJ 505　水质　五日生化需氧量（BOD_5）的测定　稀释与接种法

HJ 535　水质　氨氮的测定　纳氏试剂分光光度法

HJ 636　水质　总氮的测定　碱性过硫酸钾消解紫外分光光度法

HJ 828　水质　化学需氧量的测定　重铬酸盐法

3 术语和定义

下列术语和定义适用于本标准。

3.1 生活污水污染物 domestic sewage pollutants

城镇居民日常生活过程中产生的，并通过洗漱、大小便、洗浴、洗涤、厨房排水等生活用水排放的污染物。

3.2 楼宇内居住人口数 number of people living in tested buildings

城镇居民生活污水污染物产生量测定期间，在被测定楼宇内实际居住的居民、租客，以及与居民或租客同住的保姆、访客等的总人数。

3.3 被测定楼宇内居民 residents staying in tested buildings

城镇居民生活污水污染物产生量测定期间，在被测定楼宇内有过实际停留的 3 周岁以上居住人口、工作人员和流动人员等。

3.4 人均最大瞬时排水量 maximum instantaneous sewage discharge per capita

每个取样时间段通过居民楼宇排放的生活污水量与排污当量人口折算的人均瞬时污水排放量最大值（以 L/min 表示）。

> 注：用于城镇居民生活污水污染物产生量测定装置设计计算，可按住房和城乡建设系统统计的本地区或被测定楼宇周边区域人均日生活用水量的 2 倍折算。

3.5 测定周期 tested period

由多个取样时间段组合而成的连续 24h 测定时间段，以第 1 个取样时间段起点到最后一个取样时间段进水结束为计时周期。

> 注：最后一个取样时间段的计量、混合、取样和排水过程不计入测定周期内，但水样为有效样。

3.6 取样时间段 sampling time interval

污水收集计量装置的计量池上一次进水结束到本次进水结束的整个

过程。

> 注：第 1 个取样时间段的起点为污水收集计量装置启动时间点，每个取样时间段的计量、混合、取样和排水过程在下一个取样时间段完成。

3.7　居民出入计数系统 residents entry and exit counting system

通过摄像识别、人工记录或进出打卡，逐一记录每个被测定楼宇内居民的进出时间，用于进行每个取样时间段被测定楼宇内居民实际总停留时间计算和排污当量人口核算的计数系统。

3.8　排污当量人口 equivalent population of domestic wastewater

每个取样时间段被测定楼宇内居民的实际总停留时间与所对应取样时间段总时长的比值（以人计）。

3.9　楼宇内居民人数初始值 initial number of residents staying in buildings

每个取样时间段起点时，被测定楼宇内居民人口数，根据居民入户调查数据和居民出入计数系统统计结果进行核算。

3.10　识别准确率 accuracy rate of recognition

经人工校核确认的摄像系统准确识别出的"进""出"居民人数，扣减确认错将"物"识别为"人"或错误识别"进""出"状态的居民人数的差值，与实际校核真实"进""出"人数的比值。

3.11　溢流感应装置 induction device for overflow

安装于污水提升装置和污水收集计量装置溢流口，用于自动识别或提前感知溢流情况的感应装置。

4 原理

4.1 根据被测定楼宇内居民实际排水特征，分时间跨度不等的多个取样时间段对楼宇内居民 24h 排放的全部生活污水进行连续收集计量、取样检测和污染物量核算；核算每个取样时间段的排污当量人口，再计算对应取样时间段楼宇内居民的人均污水排放量和污染物产生量。各取样时间段的人均污水排放量和污染物产生量加和，即为该楼宇内居民每人 1 天的污水排放量和污染物产生量。

【条文说明】

因白天上班、购物、娱乐等外出活动，加上物流人员、工作人员频繁进出，楼宇内 24h 不同时间段实际停留的人数呈现高度波动性，以常州被测定楼宇的居民出入计数系统统计数据为例 [图（1-1）]，居住人口 200 人（即夜间停留在楼宇内的居民人数）的楼宇，白天工作时间段可能只有 60 人～80 人甚至更少，而且每个居民在楼宇内的实际停留时间会有所不同，采用平均人数或者其他方法测算出的排污人数并不能与实际排污人数真正对应。将 24h 划分为多个取样时间段进行计量取样，可以尽量缩短每个取样时间段的时间长度，将居民人数波动对测定结果的影响降到较低水平，是解决排污人数波动对测定结果影响的有效举措。

本方法提出取样时间段"时间跨度不等"主要是因为楼宇内排污人数和人均瞬时排水量都属于变量，如果按固定时间长度（如 1h）进行设计，则早晨起床和晚上洗涤、洗浴时间段的用水人口高峰和人均用水量高峰叠加，会导致整个装置需要相对较大的容积；而白天用水人口相对较少、人均用水量相对较、

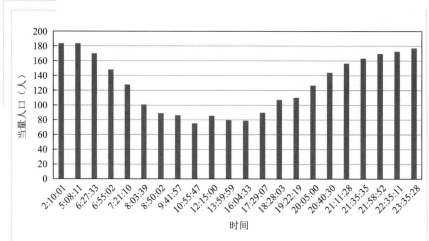

图 1-1　常州被测定楼宇 24h 排污当量人口变化情况

小的时间段，以及凌晨虽然用水人口较多但人均用水量极低时间段，会因可收集污水量相对较少而出现无法进行混合采样的问题。

　　根据每个取样时间段计量的污水排放量和核算的污水污染物量，除以核算出的排污当量人口，可计算出该取样时间段的人均排水量和人均污水污染物产生量，将 24h 各取样时间段的人均排水量和人均污水污染物产生量加和，即可计算出楼宇内居民每人 1d 的污水排放量和污水污染物产生量。

4.2　采用专用收集计量装置，按程序设定条件，记录每个取样时间段的起止时间和所收集污水量，取每个取样时间段的混合水样并检测污水污染物浓度，计算每个取样时间段楼宇内居民通过生活用水排放的污染物量。

【条文说明】

　　对于夜间 200 人，白天上班期间 60 人～ 80 人的居民楼宇而言，即使人均日用水量按 150L，累计用水人口按 150 人核算，每天排放的污水量也将超过 $20m^3$，这就意味着如果将 24h 的污水收集在一个容器中进行混合，则需要 $20m^3$ 以上的池容，在容器安装、搅拌混合等方面都存在一定的操作难度。而将 24h 排放的污水分成 20 多个取样时间段来分别收集，也就意味着每个取样时间段的污水排放量只有 $1m^3 \sim 2m^3$，只需要设计 $2m^3$ 左右的收集计量装置即可完成测定工作。

　　本方法采用容积相对固定的"专用收集计量装置"，被测定楼宇内居民排水量高峰时间段可以通过"容积控制法"，缩短每个取样时间段的时间间隔，如早晨 6 点～8 点的取样时间间隔可能只有 30min～45min；而楼宇内居民排水总量相对较小的时间段则可通过"时间控制法"，采用相对较长的固定时间间隔，如凌晨 1 点～6 点的 4h～5h 可能只需进行一次取样。这种设计方法不仅可以解决装置尺寸和运行难度问题，还能解决排污人口波动对测定结果的影响。

4.3　通过入户调查等方式进行楼宇内居民人数初始值统计，采用居民出入计数系统进行整个测定周期楼宇内居民进出情况记录，按各取样时间段所有楼宇内居民的累计停留时间折算每个取样时间段的排污当量人口。

【条文说明】

　　无论是采用摄像识别、人工记录，还是进出打卡方式，通过入户调查完成某时间点楼宇内居民初始人数的统计都是必不可少的工作。通过摄像识别、人工记录或进出打卡的方式记录每个居民的进出时间，可计算出任何一个时间点楼宇内居民的实际人数，核算每个取样时间段楼宇内居民实际的累计停留时间。

本方法提出通过摄像识别、人工记录或进出打卡的方式进行居民进出记录，只是要求记录居民进出楼宇的具体时间，并不要求做人脸识别或登记，不需要记录每次进出的到底是谁，也不需要识别是本楼宇内的实际居住人口还是工作人员、快递人员或物流人员，这样可以明显减少测定工作对居民生活的影响，提升本测定方法的可操作性。

5 测定条件与装备

5.1 居民楼宇

5.1.1 被测定楼宇内居住人口数应不少于200人，单个楼宇内居住人口数少于200人的情况下，可采用2个～3个临近楼宇联合测定。

【条文说明】

这是满足排污人口代表性的基本要求。实际居住人口数相对较少的居民楼宇，白天居民上班、上学期间很容易出现楼宇内实际人数极少，个体排污差异直接影响测定结果代表性和普适性的问题。以常州被测定楼宇为例，凌晨3点～4点200多人的居民楼宇，到了上午11点左右只有60人～80人，楼宇内居民人数减少超过60%。因此，只有实际居住人口数相对较多的楼宇，才能确保上班、上学时间段楼宇内仍保持一定的排污人口规模，保证测定结果能够反映该地区城镇居民生活污水污染物产排水平。

5.1.2 被测定楼宇应具有独立的排水系统，居民生活排放的所有污水均可被收集。

【条文说明】

居民生活污水污染物产生量准确测定的基本前提是：被测定排污人口所排放的生活污水全部收集、被测定排污人口之外的污水均不进入测定系统。因此楼宇选择勘察时，应重点关注是否能找到本楼宇的所有排水总管或污水汇水井，排水总管或污水汇水井内是否有不是本楼宇内居民排放的污水，如周边商铺、其他楼宇、园林绿化或其他废水；关注排水总管或污水汇水井周边是否具备污水提升装置的安装条件等。

5.1.3 应优先选择无底商或其他营业场所的居民楼宇开展测定工作。测定有底商或其他营业场所楼宇的情况下，底商或其他营业场所的污水不得与楼宇内居民排放的污水混合。

【条文说明】

考虑到我国绝大部分城市小区排水管网建设养护的实际水平，原则上不推荐选择带有底商或其他营业场所的居民楼宇，尤其是开办私人教育机构、公司办公场所、私人医疗机构的居民楼宇，因为这些场所或多或少地会对测定结果产生影响。对于其他测试条件相对较好的带底商的居民楼宇，应重点关注是否可做到测定期间底商排水不与居民生活污水混合或可超越提升装置，污水不能分开的不应作为被测定对象，底商之外的楼层开办营业场所的居民楼宇不应作为被测定对象。

5.1.4 需安装污水提升装置的楼宇排水总管或汇水井总数不宜超过 3 个，且均不得在化粪池后。

【条文说明】

理论上讲，只要安装足够多的污水提升装置，确保将被测定楼宇内居民排放的所有污水及时输送至污水收集计量装置，就可以满足污水收集计量的要求，而且整个装置启动后，提升泵可直接由液位计或浮球阀控制，对整个控制系统不会有太大的影响，这也意味着被测定楼宇有多少个需要安装提升装置的排水总管或汇水井都不会成为限制因素。

但是污水提升装置越多则意味着每个提升装置可收集的水量越小，而目前市场上可供选购的带有切割功能的提升泵规格有限，较小的提升量对提升泵的正常运行形成挑战，此其一；受可选择提升泵规格的限制，泵后输送管道直径相对比较大，更多的提升装置意味着更大的泵后输送管道容积，对污水产生和收集时间的对应性产生一定影响，此其二；整个系统为压力提升供水，较多的提升装置意味着更加复杂的管道切换系统，将在很大程度上增加设备投资、运维成本和运行出错率，此其三。根据常州试验现场经验和多次模拟测试，污水提升装置以不超过3个、雨水管道旱天污水提升输送点位以不超过2个为宜。

5.1.5　旱天有生活污水排出的雨水立管应接入上述排水总管或汇水井，不能接入的情况下，应单独或多个合并后输送至污水收集计量装置，输送点位数量不宜超过2个。

5.1.6　居民可自由出入的楼宇总出入口数不宜超过5个，有底商或其他营业场所的楼宇，营业通道应与楼宇居民出入口分离。

【条文说明】

与污水提升装置类似，居民楼宇的出入口数量也不是核心限制因素，无论是采用哪种方法进行楼宇内居民出入情况的统计核算，只要确保楼宇每个居民出入口都安装计数摄像头，或安排专人进行居民进出情况记录，都能满足测定要求。

但根据常州试验现场经验和模型设计人员模拟结果，过多的居民出入计数系统不仅会增加设备投资和运维成本，还会增加系统的运算难度，降低排污当量人口核算的精准度，导致相对较大的测定结果误差。

带有底商或营业场所的居民楼宇，一般不宜作为被测定对象，除了上面解释的污水排放量影响外，还可能存在共用人员进出通道影响居民进出情况统计的问题，如地下室电梯、一楼走廊等，会对排污当量人口的精准计算造成比较大的影响，因此选择带有底商或营业场所的居民楼宇时，需要重点关注计数摄像头安装位置或人工记录位置是否可以做到排除进出底商或营业场所的就餐、购物、娱乐等人员。

5.1.7 宜选择 3 周岁以下儿童比例相对较小的楼宇；不宜选择职工宿舍、学生宿舍、家属楼等楼宇。

5.1.8 被测定楼宇应具备装置安装和供电条件。

5.2 污水提升装置

5.2.1 被测定楼宇的所有排水总管和汇水井均应设置污水提升装置。

【条文说明】

这是城镇居民生活污水污染物产生量测定的基本要求。本测定方法的重要原则之一是要确保"被测定楼宇内居民"排出的所有污水都能被收集。根据常州现场测定和装置开发经验，200 个居住人口的污水收集计量装置，调节罐溢流管液位与装置地基基础的高差一般不低于 5m，虽然部分楼宇一层为无住户的空间结构，很容易通过一楼楼顶污水横管或立管顶端改造实现排水切换，但这种改造措施通常很难满足重力流排水的高程要求；另外，鉴于建筑排水规范对污水管道的设计要求，从保障住户正常排水角度考虑，一般建议在污水立管接近地面的位置或地面以下的集水井位置接入提升装置，以保留足够长的污水立管长度，因此对楼宇居民排水进行提升是绝大部分被测定楼宇的基本要求。

5.2.2　污水提升装置应具有搅拌和切割功能，避免污水中的粪便、卫生纸等大颗粒物和缠绕物漂浮或沉积在提升装置内。

【条文说明】

居民楼宇内排出的生活污水中通常含有粪便、卫生纸、菜叶等大颗粒物，以及头发、绳子等缠绕物，常州测试现场甚至出现抹布、手套、卫生巾等生活用品，这些杂物如不能及时排出提升装置，会在测定期间以漂浮物或沉淀形式停留在提升装置内，并吸附、粘连各种污染物，影响水质分析化验结果；或通过提升装置进入后续单元并形成缠绕，影响污水收集计量装置的正常运行。有机物成分较多的"粪便"如不切割，可能成为提升装置内的漂浮物或收集计量装置中的大颗粒物，难以真正做到"完全混合"，影响取样检测结果的准确性。

带有切割功能的提升泵，泵头进水口直径一般在 1cm 以上，因此切割泵并不会将抹布、手套、卫生巾等生活用品切碎为细微颗粒物，而只是切割成相对较小的颗粒或片状物，在实验室取样和分析化验期间，化验人员很容易将这些物品捞出，一般不会对各项测定指标产生明显影响。

适度的搅拌是污水提升装置内漂浮物和沉淀物及时快速提升至污水收集计量装置的必要保障，常州现场测定初期并没有考虑提升装置的搅拌混合功能要求，导致提升装置内经常出现漂浮物和沉积物问题，部分时段漂浮物、缠绕物甚至缠绕在浮球阀上，影响居民排放污水的正常提升。后期通过提升泵分流内循环的方式，不仅解决了漂浮物和沉积物问题，提高了提升泵提升水量与居民排水量的匹配度，还解决了提升泵频繁启动问题。当然，实际工作中也可以通过设置搅拌器的方式解决提升装置内漂浮物和沉积物的问题。

5.2.3　尽可能保障非测定期间居民楼宇污水的正常排放，且每次启动污水收集计量装置前可彻底清除污水提升装置中存留的所有污水、沉淀物和漂浮物。

【条文说明】

不能因测试需要而影响居民楼宇排水，或影响居民的正常生活，是在居民小区内开展科学研究工作的前提，否则会引发不必要的纠纷与索赔事件，因此本条目明确要求"尽可能保障非测定期间居民楼宇污水的正常排放"。由于非测定期间提升装置通常并不开启搅拌和提升功能，沉积和漂浮物的问题仍难以避免，且非测定期间提升装置的排水水位可能高于提升泵的运行水位，测定工作开始前提升装置内可能会有一定量的污水，因此需要在每次启动污水收集计量装置，进入测定周期前，对所有提升装置进行强制搅拌排水。当然，有清洗条件的地区，在测定前对所有提升装置进行清水冲洗更能提高测定结果的准确度。

5.2.4 污水提升装置的容积应满足提升泵的运行保障要求，提升泵流量可按不小于被测定楼宇内居住人口数、人均最大瞬时排水量计算。

【条文说明】

这是污水提升装置设计参数的推荐值。装置加工期间经市场调研发现，目前可供选择的带有切割功能的提升泵品牌主要有日本鹤见、意大利泽尼特等，这几个品牌大部分产品的最小设计流量在 200L/min ～ 500L/min；而根据常州试验现场的数据分析结果，居民人均最大瞬时排水量应在 0.2L/min 左右，也就意味着 200 人～ 300 人的楼宇如果设置两个提升装置，每个装置的最大瞬时排水量应该不会超过 30L/min，这就意味着 1min 的居民排水在 5s ～ 10s 甚至更短的时间内即可被提升泵排空。为避免提升泵频繁启动，需要根据提升泵启动次数控制要求、服务人口数量、人均最大瞬时排水量等参数要求，合理设计提升装置容积。

目前有部分厂商表示可以根据实际需要，研制更小功率和设计流量的切割泵，可为污水提升装置的优化设计提供必要条件。结合常州试验现场经验和全国用水指标定额分析，本条目提出当有更小流量的切割泵可供选择时的流量设计参数建议。

5.2.5 污水提升装置应设置溢流管和溢流感应装置。

【条文说明】

采用浮球阀或液位计进行运行控制的污水提升装置，通常难免受到漂浮物、缠绕物的影响，导致运行故障；另外卫生纸、菜叶、头发、绳子、抹布等杂物的排入也会导致泵头磨损卡顿、管道堵塞等问题，影响污水提升泵的正常运行；居民楼宇瞬时排水量高峰时段也可能出现提升泵流量不足，导致提升装置出现溢流问题，因此必须在每个污水提升装置上设置溢流管，在出现设备故障或提升泵排水能力不足时进行溢流排水，避免提升装置发生冒溢事件，从而影响小区环境。应在溢流管上安装监控设备、仪表进行溢流监控，或通过提升装置液位计进行溢流监控或提前感知溢流风险。当任何一个提升装置出现溢流现象，不管溢流量多大，都意味着没有实现污水的"全收集"，测定周期作废。

5.2.6　污水提升装置可由浮球阀或液位计控制运行。

【条文说明】

　　污水提升装置的运行可直接由浮球阀或液位计单独控制，一般以保障泵正常运行并及时快速将居民排放的生活污水全部输送至污水收集计量装置为设计原则。为方便操作，污水提升装置的启动电源开关应尽量安装在污水收集计量装置的PLC控制系统或数据平台，并在提升装置附近预留就地控制开关。

5.3　污水收集计量装置

5.3.1　污水收集计量装置应包括计量池和调节罐两部分。计量池主要用于各取样时间段楼宇内居民生活污水排放量计量和均匀混合取样，调节罐用于计量池停止进水进行混合取样时污水的临时存储。污水收集计量装置功能结构图见图1-2。

【条文说明】

液位是污水计量池的主要运行控制参数，也是每个取样时间点收集水量的重要校核指标，但液位精准计量对环境条件要求相对较高，进水或搅拌期间计量池水位的波动很容易影响测定结果，这就要求计量池完成液位计量和定容前保持相对稳定的液位，尤其是液位计测试区域不能有较为明显的液位振荡。上述要求决定了进水过程中搅拌器不宜运行，只能在进水结束完成体积计量后开启并完成对计量池中污水的搅拌混合。试验结果表明，由于污水提升装置已经对需要破碎的大颗粒有机物进行了机械破碎处理，污水收集计量装置 5min 的混合搅拌基本上可以保障计量池内污水的完全混合效果，但原则上仍建议 200 当量人口污水计量池的混合取样时间不少于 10min；另外，即使污水收集计量装置的出水阀选用快开阀，阀开启、排水、阀关闭整个过程中需要预留不少于 5min，而上述时间段污水是不能排入计量池的，这也意味着每个混合取样过程中会有 15min 左右的时间段提升的污水不能直接进入计量池，因此需要设置 15min 左右水量的调节罐，用于混合取样和排水时间段污水的临时存储。

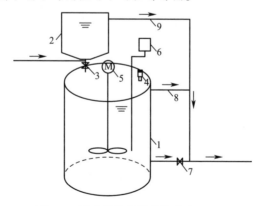

图 1-2　污水收集计量装置功能结构图

1—计量池；2—调节罐；3—进水阀；4—液位计；5—搅拌器；
6—自动采样器；7—排水阀；8—计量池溢流管；9—调节罐溢流管

5.3.2　计量池有效容积可按被测定楼宇内居住人口数、人均最大瞬时排水量、45min 停留时间设计，调节罐可按计量池容积的 1/3 设计。

【条文说明】

目前市面销售的商品化自动采样器的最大采样瓶数量为 24 个，也就意味着 24h 的采样数量最好不要超过 24 个，否则需要在取样过程中更换采样瓶，这通常存在相对较大的实施难度和采样器出错风险。根据常州现场测试结果，按照人均污水综合排放量 0.2L/min、45min 停留时间设计计量池，基本上可以确保实际运行期间最短停留时间不少于 30min，常规取样时间段停留时间 45min ～ 90min，再加上凌晨 3h ～ 5h 停留时间的均衡，基本上可以确保水样数量在 20 个左右，目前尚未出现超过 24 个样品数量的情况。本条目提出建议使用"人均最大瞬时排水量"，即住房和城乡建设系统统计的本区域人均日供水量的 2 倍作为污水收集计量装置容积设计核算的主要依据，可较好地解决早晨洗漱用水高峰和晚间洗涤、洗浴用水高峰的问题，确保装置正常运行。

5.3.3　污水收集计量装置宜采用自动控制系统，自动运行。调节罐与计量池之间的进水阀宜选用自控阀，计量池排水阀宜选用快开阀。

5.3.4　计量池应配备液位计，并建立液位－污水量曲线。

【条文说明】

虽然通过简单的体积折算也可以直接建立计量池液位和容积（污水量）的关系曲线，但毕竟计量池内还有搅拌器等部件，再加上加工过程中不可避免的加工精度、池体变形等问题，一定程度上影响了污水量计算结果的精准度，因此原则上建议在装置出厂前采用定容法对液位和容积（污水量）的关系曲线作进一步的校核处理，有条件时还应在现场安装工作完成后再次进行标定校核。

5.3.5 计量池应配备低速搅拌器，搅拌期间污水不得沾染液位计等仪表设备。

【条文说明】

常州现场测定结果表明，由于污水提升装置使用了切割泵，对粪便等大颗粒有机物起到很好的粉碎效果，因此计量池内只需要按照传统的混合搅拌功能进行设计，必要时在计量池池壁增设部分导流混合模块，可确保5min内实现污染物的快速完全混合，其本身对搅拌强度等的要求并不高，常规的低速大叶轮搅拌装置基本上可以满足混合要求。

5.3.6 计量池应配备符合 HJ/T 372 规定，带恒温单元和 24×1L 采样瓶的自动采样器。

5.3.7 应按运行液位控制、时间跨度控制、排水量或排污人口突变点控制三种模式设置计量池启动条件。

【条文说明】

这是实现居民生活污水收集计量装置正常运行，确保测定思路准确实施的核心部分。考虑到不同时间点城镇居民楼宇实际停留居民人数和人均排水量都会有明显变化，每个楼宇每个时间段的排水量也会有明显不同，因此污水收集计量装置应设置三种运行模式：

（1）运行液位控制模式，即通过设定最大液位线进行控制，是贯穿整个测定周期的控制方法，当计量池液位达到设定最高液位时自动启动混合取样程序。

（2）时间跨度控制模式，主要用于低排水量时间段，如大部分居民处于睡眠状态的凌晨时段，污水收集计量装置的取样时间段建议不超过5h，具体时间跨度应根据当地居民生活习惯确定。

（3）时间节点控制模式，主要用于排水量或排污人口突变等特殊时间点装置的强制启动，以提升每个取样时间段内样品的代表性，具体时间点可包括居民早晨起床前、上下班等人数变动明显时间节点，以及凌晨低排水量向早晨高排水量转折点等。

5.3.8　计量池和调节罐均应设置溢流管和溢流感应装置。

【条文说明】

与污水提升装置类似，污水收集计量装置的调节罐和计量池也需要设置溢流管和溢流感应装置，进行测定期间的溢流监控，但引起两者溢流的原因并不完全相同。调节罐是污水收集存储的中间装备，除调节罐和计量池之间的进水阀故障无法开启外，几乎不存在设备故障或堵塞引起的调节罐溢流风险，但多数居民楼宇可提供的设备安装空间有限，为了保证测定方法的可推广性，应尽量做到整个收集计量装置的集成化和集约化，因此调节罐的容积比较有限，而楼宇内实际排污人口很难精准预测，早高峰期间的15min瞬时用水量可能超过调节罐容量，导致溢流风险。计量池的溢流设计是保障测定期间排水安全的必要措施，可有效避免排水阀故障、污水提升装置无法正常关闭情况下整个排水系统的正常排水功能。

可在调节罐、计量池溢流管上设置电子溢流监控仪表，或在池体顶部设置液位计等方式进行污水收集计量装置溢流监测与感知识别。

5.4　居民出入计数系统

5.4.1　被测定楼宇的所有居民出入口均应设置居民出入计数系统。

5.4.2　居民出入计数可选用摄像识别、每次只能进出一人的打卡系统，或安排专人记录楼宇内居民进出时间的方式。

【条文说明】

通常认为在居民楼宇出入口安装门禁系统，让所有居民打卡进出是对楼宇内居民进出监控的最简便方法。但"一人一卡"的打卡系统通常仅适用于办公楼宇内的办公人员，对不在楼宇内工作的快递、物流、访客等人员的可操作性略差；对于居家生活的居民而言，生活中通常需要携带婴儿车、购物小车，甚至自行车、电动自行车、家用电器等进入楼宇，这种"一人一卡"的楼宇门禁系统通常会对居民的日常生活形成障碍，因此"一人一卡"的楼宇门禁系统一般很难在"居民楼宇"内使用，居民楼宇的打卡系统一人开门、多人进门是常态；另外大部分楼宇"打卡"系统通常只控制"进"不控制"出"，也就是进门刷卡，出门按开关的形式。

每个出入口安排专人详细记录楼宇内居民的进出人数和每个人的具体进出时间，并将其录入出入计数系统中，是一种理论上可行的计数方法，但是这种方法不仅需要在测定期间安排专人在每个出入口 24h 蹲守，而且这种 24h 蹲守在非测定期间也需要持续进行，以保障对下一个测定周期居民楼宇人数初始值的准确计算，减少入户调查对居民生活的影响。但由于这种24h 蹲守必须持续进行，也就是说每个班次原则上每个居民出入口应不少于2人，或至少需按照出入口数量+1 的模式配置，每天需要3个甚至4个班次，相当于一个楼宇需要配置10个左右的劳务人员负责居民出入口的蹲守工作，这将会大量消耗人力物力，增加测定成本。另外，常州现场测定结果表明，一个200人左右的居民楼宇，24h 的居民进出可达上千人次，过于频繁的进出，尤其是上下班高峰时间段大量居民同时进出，会在很大程度上增加人工记录工作的难度，人员计数和进出时间记录准确性难以保障。

5.4.3　选用摄像识别方式时，所安装的摄像头应具有自动识别"人"及其"进""出"状态，记录每个居民进出时间的功能，识别准确率应不低于95%，且应符合 GA/T 1127 的要求。

【条文说明】

　　通过在居民楼宇出入口安装可识别"人形"，自动区分"人"和电动自行车、行李箱、大型宠物等"物"的摄像头，可准确记录每个居民"进""出"的具体时间。双目摄像头基本具备识别"人"和"物"的功能，可用于楼宇出入口居民进出情况的自动识别和记录，但其识别准确性会受到安装角度、高度和光照条件等因素的影响和制约；另外，楼宇的每个出入口通常只安装1个摄像头，这也意味着"进"正脸识别时，"出"只能识别后背，这对摄像头的识别能力提出了较高的要求。常州现场摄像头测试结果表明，所有摄像头夜间都会出现识别准确率不够高，尤其是单纯性的少记"进"或"出"的情况，导致楼宇内居民人数初始值逐渐"增加"或"减少"，严重影响测定结果的准确性。

常州现场测定期间发现，工作日凌晨 2 点～5 点通常是被测定居民楼宇人数相对稳定的时期，可作为摄像头识别准确率的重要考核时间段，如果连续多日出现人数增加或减少比例超过 10% 的情况，或持续多日出现居民人数连续增加或连续减少的问题，则表示某个摄像头存在单纯性少记"进"或"出"的问题。其他城市应结合本地居民的生活习惯，确定人数相对稳定的时间段，进行摄像头识别准确率的评价和校核。

摄像头产品的识别准确率一般是指"准确识别"出的"物"占"应识别"出的"物"的比例，这种对产品性能的检测评价通常并不关心"未准确识别"的情况是未识别出还是识别错误；另外，摄像头识别准确率测试通常是对指定范围内"物"的识别，也就是说通常不存在将"物"之外的事物识别为"物"的可能，识别错误并不会影响摄像头的识别准确率。但由于本测定方法除了关注能否精准识别出"人"，关注识别出的"人"是不是真的"人"之外，还需要关注"进""出"状态是否识别准确。而根据常州现场测定经验，摄像头存在将电动自行车、行李箱、大型宠物等"物"识别为"人"的可能，会导致识别出的"人"数超过真实的"人"数，也存在"进""出"状态识别错误，以及"人"未被识别出的情况，这些情况都会降低楼宇内居民人数统计和排污当量人口核算的精准度，因此本方法将"识别准确率"明确界定为经人工校核确认的摄像系统准确识别出的"进""出"居民人数，扣减确认错将"物"识别为"人"或错误识别"进""出"状态的居民人数的差值，与实际校核真实"进""出"人数的比值。

以某时间段为例，如通过对摄像头视频的人工校核，确认实际"进""出"居民总数是100人，其中摄像头"准确识别"出95人，意味着有5人没有被识别出或"进""出"状态识别错误，假设其中3人为未识别出，2人为"进""出"状态识别错误；除此之外，本系统还存在将5个"物"识别为"人"的情况。这也意味着摄像头累计识别出的"人"数应为95+2+5=102人，也即95个正确识别出的、2个"进""出"状态识别错误但仍识别出的，以及5个错误将"物"识别为"人"的。按四种不同方式进行摄像头识别准确率计算：

按已知100个样本数量，不考虑识别错误扣分时，识别准确率计算结果为：准确识别出的样本数／应识别出样本总数 ×100%=95/100×100%=95%。

按未知样本数量，不考虑识别错误扣分时，识别准确率计算结果为：准确识别出的样本数／识别出样本总数 ×100%=95/102×100%=93%。

按已知100个样本数量，考虑识别错误扣分，并按（1-识别错误率）进行计算，识别准确率计算结果为：1-（未识别出数量+"进""出"状态识别错误数量+"物"识别为"人"数量）/100×100%=1-（3+2+5）/100×100%=90%。

按本文件规定的计算方法，即已知样本数量，并按准确识别出的样本数量扣减错误多识别出的样品数量计算，识别准确率计算结果为：（准确识别出的数量-"物"识别为"人"数量-"进""出"状态识别错误数量）／应识别出样本总数 ×100%=（95-2-5）/100×100%=88%。

也就意味着本方法对摄像头识别准确率提出了更高的要求，相较于其他三种计算方法，本方法不仅考虑了错误多识别出的人数倒扣分，也即"答对得分，答错倒扣分"；而且对于"进""出"状态识别错误的要加倍扣分。这就要求摄像头不仅要尽量减少将"物"识别为"人"的数量，更需要减少"进""出"状态识别错误的数量，而这种情况在人员进出频繁的早高峰时间段比较常见，成为摄像头系统识别性能提升的关键。只有最大限度地提高摄像头的识别准确率，才能确保整个居民出入计数系统核算出的楼宇内居民人数的准确性。

5.4.4 宜开发楼宇排污当量人口测算模型，通过自动获取摄像识别数据、打卡数据，或录入人工记录的居民进出信息，自动核算各取样时间段的排污当量人口和每个取样时间段起点楼宇内居民人数初始值。

【条文说明】

前已述及，常州测试现场 200 人的居民楼宇 24h 累计居民进出次数可达上千人次，而为了精准核算每个取样时间段的人均污水污染物产生量，需要根据污水计量装置自动形成的取样时间段的起止时间，计算每个取样时间段起点楼宇内居民人数初始值，以及每个取样时间段的排污当量人口，尤其是还需要根据非测定周期的人员进出情况统计计算下一个测定周期的楼宇内居民人数初始值，这是一个数据处理量相对较大的工作，单纯依靠人工记录和核算，通常难以准确快速完成。

6 测定流程

6.1　人数初始值调查与居民出入计数系统启动

6.1.1　污水收集计量装置首次启动前的某时间点，对楼宇内停留的所有 3 周岁以上居民进行入户调查，作为楼宇内居民人数初始值 R_0。楼宇内居民人数初始值调查记录表样式参考附录 A 中表 A-1。

> **【条文说明】**
>
> 　虽然 3 周岁以下儿童会在家用盆洗澡、辅食餐等，产生一定量的生活污水，但与成人相比，其污染物量要少很多；儿童的大小便多数也直接随日常使用的纸尿裤一起进入固体垃圾；再加上 3 周岁以下儿童经常坐手推车或由家长抱着进出楼宇，采用摄像头对 3 周岁以下儿童进行识别统计计数的难度相对较大，不宜计入楼宇内居民统计范畴。采用摄像识别方式时，可通过设定"人形"的识别高度解决 3 周岁以下儿童的识别问题。
>
> 　由于现有技术手段仍难以准确计数某时间点楼宇内实际停留的居民人数，工作中仍需要采用入户调查等传统方式进行某时间点楼宇内实际人数的统计计数。为有效解决居民频繁出入难以精准跟踪的问题，尽量降低房间内有人但不配合调查统计等情况对楼宇内居民人数初始值调查结果的影响，减少入户调查对居民正常生活的干扰，建议尽量选择工作日居家人数较少、居民进出频率较低的上午 9 点～11 点或下午 2 点～4 点开展入户调查，并在入户调查工作开展前通过张贴通知等形式进行告知。

6.1.2 入户调查的同时启动居民出入计数系统，记录所有人员进出居民楼宇的具体时间点。楼宇内居民进出情况记录表样式参考附录 A 中表 A-2。

【条文说明】

入户调查期间，应在各出入口预留工作人员，随时跟进并及时了解各出入口的居民进出及被登记情况，保障居民人数初始值核算的准确性。

6.1.3 自入户调查完成至污水收集计量装置启动期间进出楼宇的人数分别记为 $R_{0,\ in}$ 和 $R_{0,\ out}$。

【条文说明】

多数情况下难以做到楼宇内居民人数入户调查工作的起点与污水收集计量装置启动的时间点重合，而入户调查与污水收集计量装置启动之间的时间段，楼宇内仍会有大量居民进出，从而导致污水收集计量装置启动时的居民人数与入户调查的数据不一致。为准确获取污水收集计量装置启动时间点的居民人数初始值，需在调查同时启动居民出入计数系统，准确记录入户调查完成到污水收集计量装置启动这段时间内进出楼宇的居民人数，最后根据入户调查统计的楼宇内人数，以及摄像头记录的进入和离开人数，计算污水收集计量装置启动时间点楼宇内居民人数初始值。

6.1.4 一个测定周期结束后，居民出入计数系统仍保持运行状态，用于下一个测定周期的 R_i 值核算；或适时重新对楼宇内居民人数初始值进行入户调查。

【条文说明】

　　虽然每次测定前都可以选择楼宇内居民人数相对较少的时间段进行入户调查，但毕竟入户调查会对居民生活造成一定影响，再加上入户调查本身的实施难度，原则上建议尽量减少楼宇内居民入户调查工作的频次。本方法建议居民出入计数系统在非测定期间仍保持24h连续工作，以便随时掌握两个测定周期之间时间段的居民出入情况，计算下一个测定周期的居民人数初始值。根据第5.4条，为避免摄像头识别准确率不高引起的连续错误少记或多记"进""出"，影响整体测定结果，原则上应对连续多个工作日居民数量相对稳定的时间点，如凌晨2点～5点楼宇内居民人数进行纵向对比，并在明显偏离居民人数真值时，适时重新启动入户调查工作。

6.2　污水提升和收集计量装置启动

6.2.1　污水收集计量装置启动前，先启动污水提升装置的排空程序，彻底清除提升装置内存储的污水、沉淀物和漂浮物。控制条件许可的条件下，应将上述工况设置为关联运行。

【条文说明】

　　这部分条文是装置启动的整体要求。根据第5.2条，原则上要求所有污水提升装置都应具有启动前排空的功能，这样可以确保非测定期间无论是超越提升装置，还是通过提升装置排空口或溢流口排水的系统，都可以在每个测定周期启动前完成提升装置内污水及各种漂浮物和沉淀物的清理工作。根据常州现场测定经验和对其他小区楼宇的实地调查情况，污水提升装置与收集计量装置之间会有一定的距离，而且多数提升装置安装位置周边不具备日常操作条件，因此建议尽量将上述设备联动启动，或至少将提升装置的控制开关设置在收集计量装置自动控制平台上，确保二者之间的无缝对接。

6.2.2　污水收集计量装置启动时间点记为第 1 个取样时间段的起点 t_1。

6.2.3　污水提升装置根据设定条件将污水输送至污水收集计量装置的计量池中。达到计量池设定取样条件时，程序自动关闭计量池与调节罐之间的进水阀，污水经提升装置输送至调节罐做短暂存储，记录进水阀关闭时间 t_{i+1} 作为该取样时间段的终点和下一个取样时间段的起点；记录液位计读数并同步换算该时间段的污水排放量 V_i，启动搅拌器进行搅拌混合，自动采样器按设定程序进行取样。污水收集计量装置运行状况记录表样式参考附录 A 中表 A-3。

【条文说明】

　　根据传统的认知，每个取样时间段的起点应该是收集计量装置完成排水，排水阀完全关闭的时间点。但由于计量池计量、混合、取样、排空阶段，居民生活污水并不能排入计量池，而必须排入调节罐做临时存储，并在计量池排空、排水阀关闭后一次性排入计量池内，也就是说每次计量池内收集的污水包含上一个取样时间段计量、混合、取样、排空阶段存储在调节罐内的污水，即进水阀关闭后的污水实际上会进入下一个取样时间段，计量池内每次的污水是进水阀关闭至下一次关闭期间楼宇内居民排放的污水，因此本条目明确"该取样时间段的终点和下一个取样时间段的起点"是指进水阀关闭时间，而不是排水阀关闭时间。

本测定方法需严格控制每个测定周期的测定时长为 24h，因此需要对最后一个取样时间段做严格把控，避免最后一个取样时间段水量太少无法完成混合取样并影响最终结果。鉴于此，根据常州现场测定经验，可尽量选择排水量相对较少且较为稳定的上午 9 点～ 11 点或下午 2 点～ 4 点作为每个测定周期第 1 个取样时间段的起点，并明确当取样时间点与 24h 终点之间的时间长度达到第 1 个取样时间段长度的 1.1 倍～ 1.5 倍时，应均分成两个时间段强制取样，确保每个时间段计量池液位可达到强制取样液位的 60% 及以上；达到 1.0 倍～ 1.1 倍时可合并为一个取样时间段，计量池液位基本上可控制在强制取样液位的 120% 以内。

6.2.4　取样工作结束后，程序自动启动计量池排水阀进行排水作业；排水工作完成，计量池排水阀完全关闭后，程序自动开启计量池与调节罐之间的进水阀。

6.2.5　污水收集计量装置运行总时长达到 24h，程序自动关闭所有污水提升装置，关闭计量池与调节罐之间的进水阀，并按工作流程完成最后一个取样程序。最后一个取样程序完成排水后，所有仪器、设备、阀门和仪表恢复至设定状态，楼宇生活污水正常排入城市下水道，等待下一个测定周期。

6.3　水样采集与水质检测

6.3.1　一个测定周期结束后，核对自动采样器内的水样数量，保证水样数量与取样时间段数量一致。

6.3.2　水样送至实验室检测前应按 HJ 493 规定进行存储。

6.3.3　按 HJ 828、HJ 505、HJ 535、HJ 636、GB 11893 的测定方法完

成每个水样化学需氧量（COD）、BOD_5、氨氮（NH_3-N）、总氮（TN）和总磷（TP）的检测；有条件时可按 HJ 84 增加 NO_3^-、PO_4^{3-} 指标的检测。测定周期水质检测结果记录表样式参考附录 A 中表 A-4。

7 结果计算

7.1 排污当量人口

第 i 取样时间段被测定楼宇内的排污当量人口按式（1）核算。

$$P_i = R_i + P_{i,\text{in}} - P_{i,\text{out}} \tag{1}$$

式中：

P_i——第 i 取样时间段楼宇内的排污当量人口，单位为人；

R_i——第 i 取样时间段起点的楼宇内居民人数初始值，按式（2）计算，单位为人；

$P_{i,\text{in}}$——第 i 取样时间段进入楼宇的排污当量人口，按式（3）计算，单位为人；

$P_{i,\text{out}}$——第 i 取样时间段离开楼宇的排污当量人口，按式（4）计算，单位为人。

计算结果保留到小数点后两位。测定周期楼宇内居民人数初始值和排污当量人口核算表样式参考附录 A 中表 A-5。

第 i 取样时间段起点的楼宇内居民人数初始值 R_i 按式（2）计算。

$$R_i = R_{i-1} + R_{i-1,\text{in}} - R_{i-1,\text{out}} \tag{2}$$

式中：

R_{i-1}——第 i-1 取样时间段起点的楼宇内居民人数初始值，单位为人；

$R_{i-1,\text{in}}$——第 i-1 取样时间段进入楼宇的累计居民人数，单位为人；

$R_{i-1,\text{out}}$——第 i-1 取样时间段离开楼宇的累计居民人数，单位为人。

其中，第 1 取样时间段起点楼宇内居民人数初始值 R_1 计算中使用的 R_0 是指楼宇内居民人数入户调查初始值或上一个测定周期结束时的楼宇内居民人口数，$R_{0,in}$ 和 $R_{0,out}$ 分别指 R_0 值时间点和污水收集计量装置启动时间点之间进入楼宇和离开楼宇的累计人口数。

第 i 取样时间段进入楼宇和离开楼宇的排污当量人口 $P_{i,in}$ 与 $P_{i,out}$ 分别按式（3）和式（4）计算。

$$P_{i,in} = \frac{\sum t_{ni,in}}{\Delta t_i} \qquad (3)$$

$$P_{i,out} = \frac{\sum t_{mi,out}}{\Delta t_i} \qquad (4)$$

式中：

$\sum t_{ni,in}$——第 i 取样时间段内进入楼宇的 n 个居民的总停留时间，每个居民停留时间按其进入楼宇时间点与该取样时间段终点的时间差计算，单位为分钟（min）；

$\sum t_{mi,out}$——第 i 取样时间段内离开楼宇的 m 个居民的总离开时间，每个居民离开时间按其离开楼宇时间点与该取样时间段终点的时间差计算，单位为分钟（min）；

Δt_i——第 i 取样时间段的总时长，即 t_{i+1} 和 t_i 时间点之间的时间跨度，单位为分钟（min）。

7.2　生活污水排放量

被测定楼宇内居民生活污水排放量按式（5）计算。

$$V = \sum \frac{V_i}{P_i} \qquad (5)$$

式中：

V——生活污水排放量，单位为升每人每天 [L/（人·d）]；

V_i——第 i 取样时间段楼宇内居民排放的生活污水量，单位为升（L）。

计算结果保留到小数点后两位。测定周期生活污水排放量计算表样式参考附录 A 中表 A-6。

7.3 生活污水污染物产生量

被测定楼宇内居民生活污水污染物（COD、BOD_5、NH_3-N、TN、TP、NO_3^-、PO_4^{3-}）产生量按式（6）计算。

$$X=\sum \frac{V_i \times C_i}{P_i \times 1000} \qquad (6)$$

式中：

X——生活污水污染物（COD、BOD_5、NH_3-N、TN、TP、NO_3^-、PO_4^{3-}）产生量，单位为克每人每天 [g/（人·d）]；

C_i——第 i 取样时间段楼宇排放污水的污染物（COD、BOD_5、NH_3-N、TN、TP、NO_3^-、PO_4^{3-}）浓度，单位为毫克每升（mg/L）。

计算结果保留到小数点后两位。测定周期生活污水污染物产生量计算表样式参考表 A-6。

7.4 生活污水污染物浓度

被测定楼宇内居民生活污水的污染物（COD、BOD_5、NH_3-N、TN、TP、NO_3^-、PO_4^{3-}）日均浓度按式（7）计算。

$$C=\frac{X}{V} \times 1000 \qquad (7)$$

式中：

C——城镇居民生活污水污染物（COD、BOD_5、NH_3-N、TN、TP、NO_3^-、PO_4^{3-}）日均浓度，单位为毫克每升（mg/L）。

计算结果保留到小数点后两位。生活污水排放量、生活污水污染物产生量、生活污水污染物浓度多个测定周期结果汇总表参考附录 B 中表 B-1。

7.5　数据计算模型化

7.5.1　宜开发数据计算模型，构建数据平台，自动获取居民出入计数系统和污水收集计量装置数据，并通过录入水质检测数据自动完成计算过程。

【条文说明】

根据第 7.1 条～第 7.4 条计算过程，需要根据测定周期每个取样时间段的具体起止时间，对居民出入计数系统记录的每个"居民"的出入情况进行分段，并计算每个取样时间段内每个"进"楼宇居民的停留时间和"出"楼宇居民的离开时间，通过"进""出"人数变化情况计算每个取样时间段起点楼宇内居民人数初始值，通过每个居民在取样时间段内的停留时间和取样时间段时长计算排污当量人口变化值，最终核算每个取样时间段的排污当量人口。由于排污当量人口变化值是基于每个"进""出"居民的停留时间计算的，也就意味着每个测定周期需要对 20 多个取样时间段内的楼宇居民人数初始值、每个取样时间段"进""出"楼宇居民的实际停留时间等进行详细计算，尤其是每个"进""出"楼宇居民实际停留时间的计算过程和逻辑关系较为复杂，数据量相对较大，人工计算存在较大的工作量，从而带来较大的出错风险，宜尽量使用模型计算。排污当量人口的计算过程也可以嵌入居民出入计数系统，但需从污水收集计量装置获取每个取样时间段的起止时间点。

构建数据平台，还可快速形成每个测定周期不同取样时间段对应的时长数据和水量数据，并通过人工录入实验室水质检测数据，自动完成相关计算过程。当然在时间和人力物力允许的情况下，上述计算工作也可借助 Excel 的计算功能完成。

7.5.2　数据平台应具有自动识别测定周期是否为有效周期的功能。

【条文说明】

　　鉴于所述及的污水溢流、测定周期总时长不满足 24h 等无效测定周期问题的存在，数据平台应具有自动识别测定周期有效性的功能，这样可以在确定测定周期有效的基础上开展后续的测试化验等工作，尽量避免完成取样检测工作后，发现测定周期无效，大量浪费人力物力的情况。

8 质量保证和质量控制

8.1　被测定楼宇内居住人口数应不少于 200 人。

8.2　污水收集计量装置与排水总管或汇水井之间的输送管道最大长度不宜超过 20m。

【条文说明】

　　此条款为建议值，因每个 200 人以上居住人口的居民楼宇，至少有两三个需要安装提升装置的排水总管或汇水井，也就意味着至少需要两三根污水提升管道，再加上受目前市场上可选择切割泵规格限制，管道直径通常在 100mm 以上，也就意味着如果距离过长，会有更多的污水污染物存留在管道中，从而影响污水污染物产生量与排污人口的对应性。

8.3　每个测定周期的时长应为 24h。

【条文说明】

在采用程序控制时，一般情况下不可能产生测定周期超过24h 的情况，但设备调试期间无法避免有偶发性人为停止或设备故障造成测定周期不足 24h 的情况，因此数据平台一般需要设置测定周期时长不足 24h 的识别功能。

8.4　污水提升装置或收集计量装置出现溢流，测定周期无效。

【条文说明】

具体原因参见第 5.2 条对于提升装置溢流管和第 5.3 条对于污水收集计量装置溢流管的设置要求。

8.5　任何测定周期的取样时间段数量不得超过自动采样器的样品瓶数量。

【条文说明】

具体原因参见第 5.3 条关于自动采样器样品瓶数量的条款。

8.6　应对计量池的计量准确性进行校核，计量误差不应超过 5%。

8.7　尽可能使计量池达到足够的混合强度和混合时间，必要时应增设导流混合部件，混合时间不宜小于 10min。

附录 A （资料性）原始记录及过程测算参考表

表 A-1 ～表 A-6 给出了城镇居民生活污水污染物产生量测定中原始数据及过程测算数据记录表的参考样式。

表A-1 楼宇内居民人数初始值调查记录表

小区名称：　　　　　　楼宇编号：　　　　　日期：　　　　　调查起止时间：

序号	门牌号	3周岁以上居住人口数（人）	3周岁以下居住人口数（人）	被测定楼宇内居民人口数（人）
1				
2				
3				
⋮				
合计				

表A-2 楼宇内居民进出情况记录表

小区名称：　　　　　　　　　　　　楼宇编号：

日期	类型（进/出）	进/出时间ᵃ	进/出人数（人）	出入口
⋮				

注：ᵃ 精确到分钟

表A-3 污水收集计量装置运行状况记录表

小区名称： 楼宇编号： 测定日期：

取样时间段 [a]	液位计读数（cm）	生活污水排放量 V_i（L）	样品编号
⋮			

注： [a] 取连续24h，精确到分钟

表A-4 测定周期水质检测结果记录表

小区名称： 楼宇编号： 测定日期：

取样时间段 [a]	生活污水排放量 V_i（L）	生活污水污染物浓度 C_i（mg/L）						
		COD	BOD_5	NH_3–N	TN	TP	NO_3^-	PO_4^{3-}
⋮								

注： [a] 取连续24h，精确到分钟

表A-5 测定周期楼宇内居民人数初始值和排污当量人口核算表

小区名称：　　　　　　　楼宇编号：　　　　　　测定日期：

取样时间段 [a]	居民人数初始值 R_i（人）	人数增减（人）		排污当量人口（人）		
		进入人数 $R_{i,\text{in}}$	离开人数 $R_{i,\text{out}}$	进入增加 $P_{i,\text{in}}$	离开减少 $P_{i,\text{out}}$	当量人口 P_i
⋮						

注：[a] 取连续24h，精确到分钟

表A-6 测定周期生活污水排放量和污染物产生量计算表

小区名称：　　　　　　　楼宇编号：　　　　　　测定日期：

取样时间段 [a]	人均生活污水排放量 $\dfrac{V_i}{P_i}$（L/人）	人均生活污水污染物产生量 $\dfrac{V_i \times C_i}{P_i \times 1000}$（g/人）						
		COD	BOD$_5$	NH$_3$–N	TN	TP	NO$_3^-$	PO$_4^{3-}$
⋮								
人均日累计值								

注：[a] 取连续24h，精确到分钟

附录 B （资料性）数据结果汇总参考表

表 B-1 给出城镇居民生活污水排放量、生活污水污染物产生量、生活污水污染物浓度多个测定周期结果汇总表的参考样式。

表B-1 生活污水排放量、生活污水污染物产生量、生活污水污染物浓度多个测定周期结果汇总表

小区名称：

楼宇编号：

测定日期 （年 月 日— 年 月 日）	生活污水排放量 V [L/（人·d）]	生活污水污染物产生量 X [g/（人·d）]							生活污水污染物浓度 C （mg/L）						
		COD	BOD$_5$	NH$_3$-N	TN	TP	NO$_3^-$	PO$_4^{3-}$	COD	BOD$_5$	NH$_3$-N	TN	TP	NO$_3^-$	PO$_4^{3-}$
……															

第二部分
测定装置与数据平台研发

1 研发背景与问题分析

1.1 行业发展需求

改革开放 40 多年来，尤其是 2000 年以来，在国家和地方政策及财政资金的大力支持下，在以促进污水处理全面普及和设施能力快速提升为核心目标的"污水处理率"指标指引下，我国城镇污水处理事业得到快速发展，城镇污水处理能力以每年不低于 500 万 m^3/d 的规模快速增长，为全面推动经济高质量发展和持续改善人居环境质量做出了重大贡献。统计结果表明，截至 2018 年底，75% 以上的设市城市污水处理率超过 90%，40% 以上超过 95%，重点流域区域绝大部分城镇污水处理设施能力甚至远远超过供水量水平，非重点流域城镇污水处理能力也基本上可以满足居民生活污水处理的实际工程需求。

但我国城镇排水管网普遍存在建设质量较差、运维养护不到位等问题，施工降水、城市河湖水、地下水等清水入渗 / 入流污水管网的问题较为普遍，低浓度工业废水排入城镇下水道情况较为常见，管道低流速引发的污染物沉积问题较为突出，污水处理厂实际进水污染物浓度与城镇居民生活污水污染物排放浓度形成较大差距，污水处理厂处理水量远远超过城市供水总量等现象成为很多地区排水与污水处理行业的真实写照。相对较高的污水处理率与普遍存在的城市水体黑臭和环境污染问题形成重大矛盾，以污水处理量作为监管考核指标的弊端逐步显现。科学构建适应新时代发展需求的行业监管考核指标，科学引导城镇排水和污水处理行业健康可持续发展，成为亟须解决的现实问题。

国家水体污染控制与治理科技重大专项以支撑城镇排水和污水处理行业管理为基本理念，"十二五"以来先后设置了行业规划决策支持、绩效评价类科研课题，在充分吸纳欧美等发达国家和地区排水行业及相关组织机构监管考核指标的基础上，提出以污染物收集处理代替污水量收集处理的行业绩效考核思路，并结合当前及今后一段时间行业可利用数据的系统分析，构建了以城镇居民生活污水污染物收集量占污染物产排总量比值为基础的行业监管指标，通过数据换算与公式转换最终形成与国际接轨的，以城镇居民服务人口占应服务人口比值为基础的新监管指标，命名为"城市生活污水集中收集率"，并要求各地按新指标的计算方法进行试统计。2019 年 4 月 29 日，住房和城乡建设部、生态环境部、国家发展改革委联合印发的《城镇污水处理提质增效三年行动方案（2019—2021 年）》，首次将"城市生活污水集中收集率"列为行业考核指标。2020 年 2 月 28 日，国家发展改革委印发的《美丽中国建设评估指标体系及实施方案》，再次将"城市生活污水集中收集率"列为人居整洁类评估指标体系的重要基础评价指标，指标的适用范围由"城市"进一步扩大至"城镇"，"城市生活污水集中收集率"正式成为新时代城镇排水和污水处理行业的重要管理指标。

根据 2021 年 4 月由住房和城乡建设部制定、国家统计局批准的《城市（县城）和村镇建设统计调查制度》中公布的"城市生活污水集中收集率"的测算方法，推导出其基础计算公式如下：

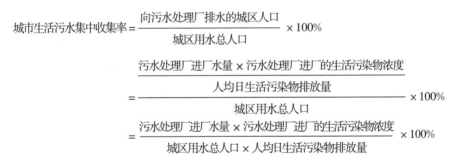

$$城市生活污水集中收集率 = \frac{向污水处理厂排水的城区人口}{城区用水总人口} \times 100\%$$

$$= \frac{\dfrac{污水处理厂进厂水量 \times 污水处理厂进厂的生活污染物浓度}{人均日生活污染物排放量}}{城区用水总人口} \times 100\%$$

$$= \frac{污水处理厂进厂水量 \times 污水处理厂进厂的生活污染物浓度}{城区用水总人口 \times 人均日生活污染物排放量} \times 100\%$$

上述计算公式中共涉及污水处理厂进厂水量、污水处理厂进厂的生活污染物浓度、城区用水总人口和人均日生活污染物排放量四个指标变量。其中，污水处理厂进厂水量和进厂生活污染物浓度两个指标变量数据主要来源于住房和城乡建设部"全国城镇污水处理管理信息系统"强大的基础数据支撑，自该平台正式上线以来，住房和城乡建设部已经多次组织对各地上报的数据进行全面校核，而且城镇污水处理提质增效工作实施以来，住房和城乡建设部进一步加强了对上报数据逻辑性和历史规律的分析，强化了平台数据的关联诊断和问题识别校核功能，基本上可以确保数据的真实性和有效性；城区用水总人口是住房和城乡建设部《城市建设统计年鉴》的基础指标，也是统计行业关注的重点指标，随着统计工作的进一步深化和高科技产品的应用，该数据的准确性也将逐渐得到提升。但是作为支撑"城市生活污水集中收集率"指标计算的关键基础指标，人均日生活污染物排放量的相关研究严重不足，除了《室外排水设计标准》GB 50014—2021外，目前国内还没有可以得到行业广泛认可的指标数据。

前已述及，城镇居民生活污水污染物产生或排放量是《室外排水设计标准》GB 50014—2021的重要参数，也是污水处理厂进水污染物浓度预测和评估的主要指标，但该指标的基础数据主要参考和借鉴欧美、日本等发达国家和地区，而非国内实测或相关研究结果。在参数取值方面，《室外排水设计规范》GB 50014—2006（2016年版）中使用的人均日 BOD_5 量推荐值为25g/（人·d）～50g/（人·d），而现行《室外排水设计标准》GB 50014—2021则参照其他国家的水质数据（见表2-1），直接调整为40g/（人·d）～60g/（人·d），上述取值是否与我国城镇居民生活污水污染物排放量吻合，是否需考虑南北方地区差异、生活污水污染物排放的季节性变化特征，都是需要进一步研究的问题。

表2-1　一些国家的水质指标比较　　　　　　单位：g/（人·d）

国家	五日生化需氧量（BOD_5）	悬浮固体（SS）	总氮（TN）	总磷（TP）
日本[*]	58±17	45±16	11±3	1.3±0.4
美国	50～120	60～150	9～22	2.7～4.5
德国	55～68	82～96	11～16	1.2～1.6
英国南方水务	60	80	11[**]	2.5
本标准	40～60	40～70	8～12	0.9～2.5

注：*日本的数据是平均值±标准偏差。

　　**英国南方水务采用的不是总氮，而是总凯氏氮。

随着全国污染源普查工作的推进和国家相关研究课题的实施，部分高等院校、科研机构和行业主管部门也先后提出了一些测试思路，并开展一系列测试工作，对城镇居民生活污水污染物产排情况的研究起到积极的推动作用。按照前期测试工作的基本思路，可将这些方法归并定义为"居民排放跟踪测算法""小区总排口测算法""以污水处理厂为基准的统计核算法"。但这些方法普遍存在排污量无法与排污人口对应、污水排放量无法精准计量等问题，因此并未得到行业的广泛认可。居民生活污水污染物产生量测定的标准方法在国内外仍处于空白，我国城镇污水处理工程设计和行业绩效评估所使用的基础数据多数借鉴经验值或发达国家和地区的成果，数据取值合理性有待进一步研究。因此，有必要对现有测试方法进行深入剖析，找出影响测定结果的关键问题，研究提出一种更为科学准确、适用性和操作性较强的标准方法，为居民生活污水污染物产生量、排放量以及管网输送过程衰减情况的研究提供方法依据和参考，共同助力行业发展和科技进步。

1.2　居民排放跟踪测算法

1.2.1　研究与应用现状

居民排放跟踪测算法是指通过收集特定测定对象或家庭成员日常生活排放的所有污水，进行污水排放计量、污染物浓度检测和污染物产排量核算的测定方法。在居民排放污水污染物全部收集计量的情况下，这种方法能真实反映被测定对象或群体一定时间段的真实排污水平。本书第一部分已述及，由于测定工作需要对居民家庭绝大部分污水收集管道，甚至包括对大便器和淋浴间进行彻底改造，增设收集计量容器，或者直接更换为可以进行生活排水收集计量的大便器和淋浴系统，同时还需要考虑居民外出期间所排放污水和污染物的收集，才能真正意义上完成对所排放污水的全部收集计量，确保结果的准确性，因此这种方法并不能得到大范围推广，排污人口与污染物排放量无法精准对应仍是测定方法没有真正解决的问题。另外，由于需要在居民家庭中摆放大量废水收集装置，还要考虑每次使用前后的清洗工作，一般家庭可能并不愿意配合开展测定工作，在测定人员数量有限的情况下，测定对象的个体差异会对测定结果造成相对较大的影响，因此这种测定方法通常只适合于长期的科学研究工作，一般多见于硕士学位论文。

湖南农业大学王钟于2011年完成的硕士学位论文"典型城市居民家庭排水产污系数研究"，详细介绍了其在长沙选择15户家庭共计47人开展的洗漱废水、洗浴废水、厨房废水、洗衣废水和大扫除废水的收集测定工作；选择5户17人开展的大小便排污收集测定工作的相关情况。根据其研究结果，COD、BOD_5、氨氮等各污染指标的人均总污染物产排量春季最高，其次依次为夏季、冬季、秋季，这也表明城镇居民生活污水污染物排放应该具有一定的季节性特征，测定工作应涵盖一年四季，否则难以真实表征城镇居民人均生活污水污染物排放水平。另外，其研究结果也提出，各类污废水污染中，以洗衣废水和小便的权重最高，厨房废水和大便次之，大扫除废水最低。上述分析结果与传统认知有一定差异，其原因也可能与本方法的大小便废水未考虑居民居家和外出期间大小便总排放量的核算值，未将居民外出期间就餐、洗漱以及其他用水行为产生的厨房废水、洗手洗脸水等生活污水纳入统计或核算。而上述问题，在该论文中并没有太多涉及。

暨南大学项秀丽于2009年完成的硕士学位论文"广州五个代表性家庭生活源氮和磷的产污过程研究"，详细介绍了对广州5个家庭共18人生活产污过程和一个居民楼单元排污过程的跟踪监测。其基本结论包括：广州市居民家庭生活污水排放量为112.43L/（人·d），居民用水量为123.1L/（人·d），TN为9.53g/（人·d），TP为1.13g/（人·d）；TN来源由大到小依次为小便＞大便＞厨房用水＞洗衣＞洗浴＞洗漱＞洗头，其中大便和小便两项的总贡献率为91.8%；TP来源由大到小依次为小便＞大便＞厨房用水＞洗衣＞洗漱＞洗浴＞洗头，且小便和大便两项共占

80.70%，与王钟的研究结论有较大的差别。而从文中也无法找到居民不在家或不在污水收集范围期间，所消耗水量或产生污染物量是否纳入统计范畴的说明，没有提及消耗水量或污染物量未纳入统计对核算结果可能造成的潜在影响。

1.2.2　主要问题

详细梳理上述两篇硕士学位论文中对居民家庭生活污水污染物收集情况的描述，不难发现本测定方法存在的一些问题：

（1）对于洗漱用水，王钟论文提出的收集方法为"将居民家庭每位成员一天的洗漱用水分别用 10L 的无色硬质玻璃瓶收集"，但是文中仅提及被测定对象居家期间洗漱用水的收集，并没有提及外出期间所产生洗漱用水的收集方法，也没有提及居民外出之后排污人口的扣减核算方式。项秀丽的收集方法为"对家庭卫生间的洗脸池排水管进行适度改造，实现洗漱过程排水的完全收集"，这种方法只适用于被测定对象居家期间直接使用洗脸盆时所产生洗漱用水的收集工作，无法涵盖洗漱用水二次利用于冲厕所等节约用水模式的排水量，也无法涵盖使用脸盆洗漱之后直接倾倒到便器的排水量；另外，上述取样方法同样无法实现被测定对象外出期间洗漱用水的收集。也就是说两篇论文其实都只是针对被测定对象居家期间产生洗漱废水的收集，均未明确描述学生、公务员、公司职员等人员上班、上学、外出办事或出差期间的洗漱用水是否收集、如何收集的问题，也没有提出居民外出期间的排污人口折算方法。如果所核算的洗漱用水量不含被测定对象外出期间的洗漱用水，而在人均值计算时直接使用全口径的被测定对象人口总数，这显然会造成排水量与排污人口不对应的问题，也就是说核算结果会明显低于实际的人均洗漱用水量。

（2）对于洗浴废水，王钟的做法为"将居民家庭每位成员每次的洗浴用水（洗头用水、洗澡用水）分别用容量 50L 的塑料桶收集"，项秀丽的做法为"对浴缸洗浴家庭，洗浴室关掉浴缸排水口，浴后用量筒和吸管将洗浴水计量并收集到特定的容器。其余家庭用统一配备的大浴盆收集洗浴废水"。虽然有部分从业人员会在下班后在工作场所进行洗浴，或有健身达人会在健身房洗浴后回家，其产生的污水和污染物量无法收集，但考虑到普通职工洗浴废水本身的污染物占比一般并不高，车间工人洗浴废水本身也不宜作为居民生活污水污染物核算，而健身导致的排污量对污染物总量核算的影响也不大；另外，随着社会的发展、居民健康意识的提升和生活水平的提高，车间工人在工作场所或普通居民到公共场所洗浴的情况也越来越少，因此上述收集方法原则上可以较好地实现对绝大部分被测定居民洗浴废水的收集。只是这种收集方法对浴室的改造动作相对较大，居民洗浴后还要协助收集洗浴废水，每次测定完可能还需要考虑容器的清洗，可操作性和可信度相对较差。

（3）对于厨房废水，王钟的做法为"将每个居民家庭每天饮食、擦洗厨具产生的所有厨房废水（如淘米水、刷锅废水、洗碗盘废水、洗菜废水等）收集在一个 25L 的无色硬质玻璃瓶中"，项秀丽的做法为"适度改造家庭厨房的清洗池排水管，将排水收集到特定的容器"。这种方法的确可以实现对被测定居民家庭厨房做饭和就餐期间产生废水的全部收集，但论文中并未考虑部分家庭可能将一些高浓度、高油脂废水通过便器排出的情况，也没有将厨房废水与就餐人数对应。以中午时间段为例，被测定居民中的很多人中午并不回家就餐，如中小学生、企事业单位工作人员、政府工作人员等，按居民家庭收集的厨房废水和被测定人员总数核算人均值，必然会拉低人均厨房废水及污染物的排放量；另外，文中几乎未提及测定过程中是否有宴请宾客或其他情况，而宴请宾客通常又会拉高人均厨房废水及污染物排放量，这些都是测定工作中未曾考虑的问题，也是实际测定工作过程中难以兼顾的技术难题。

（4）对于洗衣废水，王钟的做法为"将每个居民家庭每次清洗、漂洗衣服的废水用 50L 的塑料桶收集"，项秀丽的做法为"适度调整或改造家庭洗衣机的排水管，将排水收集到特定容器"。应该说洗衣废水的收集工作相对容易实现，而且除了送往专业洗衣店干洗外，很少人会有将衣服送到外面水洗的情况，因此在家庭成员不出差的情况下，洗衣废水都是被测定家庭成员共同产生的，洗衣废水量与被测定人口数量具有相对较好的对应性，有成员出差时，也可以通过扣减被测定对象人数的方式进行核算。

（5）对于大小便废水，王钟的做法为"将每人每天每次的小便直接收入取样瓶内。用较结实的取样塑料袋罩在马桶上，将每人每天每次的大便收集在取样袋内"，项秀丽的做法为"大便采用特制模拟坐便器排便，按干厕方式收集，大小便分开排放，大便置于塑料袋，小便置于尿壶，而后再以抽水马桶给定的当量或其他标准规范数据进行大小便总水量的核定"。可能会有一部分家庭成员在居家期间能够支持开展大小便的收集和计量工作，但是绝大多数被测定居民外出期间不可能完成大小便的有效收集，更不可能按要求送至指定地点或带回家。另外，相信大多数家庭不愿意将装有大便的塑料袋或装有小便的塑料桶长期存放在家中，更不要说"尿壶"可能还涉及清洗重复利用等可操作性问题，大便涉及均匀混合计量化验问题。也就是说大小便的收集本身存在家庭存储难、外出收集难、总量计量难、均质混合难等诸多问题。而且大小便属于量少但浓度高的人体排泄污染物，其占居民生活污染物总量的比例可能还是比较高的，因此其测定结果的准确性对整个测定结果会有比较大的影响。

总体而言，居民排放跟踪测算法的最大问题可能在于：只收集了被测定群体居家期间排放的污水污染物，而并没有收集居民外出期间排放的污水污染物，也就是说所收集的并非测定群体排放的所有污水污染物，用上述方法收集的污水污染物量除以测定群体总人数计算出的人均值，应明显低于城镇居民生活污水的实际污染物排放量水平；而且，通过居民家庭排水系统改造的方式进行所排放污水的收集、采用各种容器在居民家庭中进行污水存储，尤其是还可能涉及存储容器的现场清洗和重复利用，以及可能需要的现场混合取样等，这在现今社会通常存在非常大的实施难度。再加上比较复杂的污水收集、计量程序，都会导致采用这种方法时，通常只能完成对少数人排污情况的测定，测定结果的代表性不强，个体排污差异会对测定结果产生非常大的影响。

1.3 小区总排口测算法

1.3.1 研究与应用现状

如前所述，居民生活污水污染物产生量小区总排口测算法主要是指直接选取居民小区生活污水总排口进行生活污水取样、化验和污水污染物量核算的方法，因操作相对简单，测试对象涵盖范围更广，可实现更大规模和人口数量的污水取样，被广泛应用于基础研究和工程评价。

小区总排口测算或类似原理的测定方法可追溯到 20 世纪 60 年代，美国通用电力公司早在 1962 年就启动了以居民家庭为单位的生活污水水质水量调查研究，美国通用电力公司通过自行设计的，由碎渣机、湿井、提升泵、取样器、冰箱、控制系统和条带录音系统组成的全自动家庭采样站，实现 3 个 5 人居民家庭一定时间段排放污水的全收集和混合取样测试，一定程度上实现了居民排放污水的收集混合，解决了瞬时排水或瞬时取样的水质波动问题。根据其发表的学术论文，虽然进行了人均日污水排放量和污染物产排量的核算，但由于当时并不具备人员进出情况的监控和统计计数条件，也没有提及要求被测定者随时记录在楼宇内的停留情况，因此实际上并没有完成排污人口或排污当量人口的核算，没有按照居民作息习惯和在家停留的情况，分段收集计量所排放污水，无法实现污水排放量与排污人口的精准对应。也就是说测定过程所收集的污水和污染物基本上默认是被测定居民家庭成员共同产生的，并没有考虑家庭成员外出期间的排污问题，这与被测定居民的实际排污情况存在较大的差距。虽然该方法只是针对居民家庭的测定，与小区人口和测定条件有较大的差别，但其测定原理和方法为小区总排口测算提供了重要方向，可看作小区总排口测算法的雏形。

我国大范围使用小区总排口测算法进行城镇居民生活污水污染物产生量测算源于全国第一次污染源普查，期间各地环保系统采用该方法进行城镇居民生活排污系数（人均日生活污水污染物产生量）的测算工作。根据各种公开的文献资料，各地进行测试时，通常会按照指南文件要求选择 3 个常住人口 2000 人以上的居民小区，每个小区选择 2 个工作日和 1 个休息日，每天 7:00～9:00、11:00～14:00、17:00～23:00 分别采集 2 个样品进行测试，也就是说绝大部分城市采用的是瞬时时间点采样，当然也有少数城市采用多个时间点的混合样，但是测定结果并没有考虑居民生活习惯的季节变化对排污规律的潜在影响，测试数据不一定能代表当地居民的实际排污水平。论文中提及的取样方法多数为每个取样时间点在小区总排口集水井取的瞬时样，并没有考虑居民生活污水水质的高度波动性和瞬时样的代表性问题，也没有提及我国很多地区管道高水位运行导致的检查井漂浮物问题的处理方法，更没有提及管道低流速运行，污染物底层沉淀状态下，取样深度和点位的代表性问题。也就是说大部分测定工作并没有考虑生活污水排水量的瞬时变化特征，没有按照更为科学的加权平均理论进行浓度的核算，没有考虑取样时间、取样点位和取样深度对样品代表性的影响。另外，众多论文中大量采用经验数据而非实测结果，例如，以居民小区常住人口或公安备案人口作为排污人口，未考虑与实际居住人口数据的差距问题；按自来水供水表数据和小区住户人数核算典型居民小区人均用水量，几乎很少考虑居民外出对供排水数据结果的影响；均未对小区总排口的污水排放量进行实测，而是以用水量和折污系数经验值进行折算，也就是说测试过程中并没有考虑小区内污水管道可能存在的清水入渗入流掺混污水导致的污水量增加等问题。

种种因素导致全国第一次污染源普查期间，各地采用小区总排口测算法获得的人均用水量、生活排污系数等数据明显低于欧美等发达国家和地区的水平，甚至部分城市出现一半以上的小区总排口污水污染物浓度明显低于本地城镇污水处理厂实际进厂浓度的情况，出现不同小区总排口测定结果偏差较大的情况。部分科研机构对不同城市城镇居民生活排污系数的测定结果见表 2-2。

表2-2　基于小区总排口测算的城镇居民生活污水污染物产生量

作者	研究城市	发表时间（年）	用水量［L/（人·d）］	生活排污系数［g/（人·d）］			
				COD	NH₃-N	TN	TP
孙静，等	天津	2018	90.42～120.16	37.68	6.92	8.35	0.76
胡爽	重庆	2008	—	45.33	7.26	9.88	0.92
石宏奎	呼和浩特	2013	58	9.02	10.24	0.72	
谢中伟	昆明	2008	69.54～75.29	22.82	5.83	6.76	0.59
	大理		79.91～83.96	31.72	5.78	7.25	0.60
赵海霞	常州	2016	—	10.20	8.04	11.14	1.07
朱环	上海	2010	158～179	54.5	6.4	8.8	0.7

　　本研究团队也曾委托我国不同区域 10 多个城市的部分高等院校、城市排水监测站和有资质的分析检测公司，遴选城镇污水处理厂服务范围内 10 个居民小区、政府办公场所和商业建筑的污水总排口，在每天相同的时间点对各取样点分别取瞬时样，开展了为期 10 天的小区总排口污水污染物浓度测定工作。图 2-1 为江浙地区某城市 6 个水质波动情况相对较小的小区污水总排口连续 10 天（部分测定日数据有取舍）的检测结果，图 2-2 为北方某沿海城市某小区的测定结果。

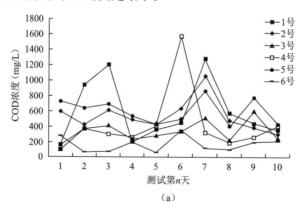

图 2-1　江浙地区某城市 6 个小区污水总排口污染物浓度
（a）COD 浓度变化

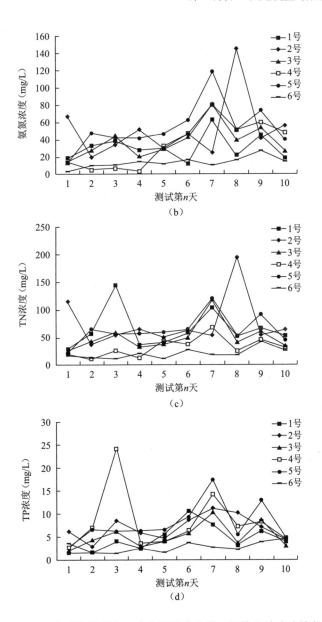

图 2-1 江浙地区某城市 6 个小区污水总排口污染物浓度（续）

（b）氨氮浓度变化；（c）TN 浓度变化；

（d）TP 浓度变化

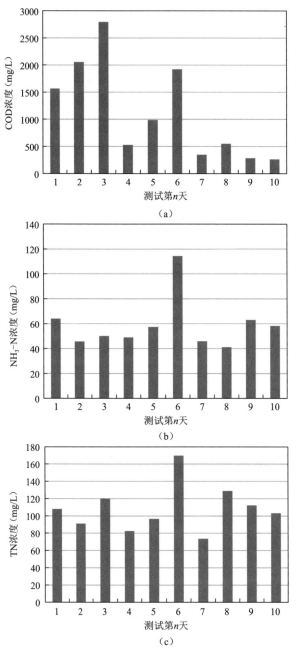

图 2-2　北方某沿海城市某小区污水总排口污染物浓度

（a）COD 浓度变化；（b）氨氮浓度变化；（c）TN 浓度变化

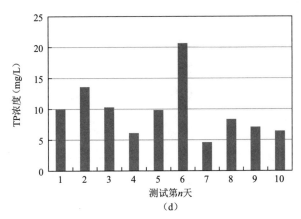

图 2-2 北方某沿海城市某小区污水总排口污染物浓度（续）
（d）TP 浓度变化

从图 2-1 和图 2-2 不难看出，虽然经过小区内各楼宇间居民排水的互相掺混以及小区内管道输送过程混合，城镇居民小区总排口的生活污水污染物浓度仍呈现高度波动特征。其他研究结果也表明，早晨5 点～ 7 点时间段居民生活污水污染物浓度的波动最为明显，瞬时样浓度值的重现性相对较差。以图 2-1 江浙地区某城市 6 个小区污水总排口数据为例，虽然每个小区 10 天的取样时间点基本一致，但测得的污染物浓度均具有非常明显的差异，如某小区 COD 最高值可达 1570mg/L，最低值不足 100mg/L，两者相差 15 倍之多；某小区氨氮最高值 146mg/L，最低值不足 20mg/L；某小区 TN 最高值接近 200mg/L，而最低值不足 40mg/L；某小区 TP 最高值 24.2mg/L，最低值仅为 2.6mg/L。如果按上述 10 天的测定结果计算平均值作为小区污水污染物浓度表征值，必然出现高浓度值掩盖低浓度值的情况，另外，这种测算方法还没有兼顾水量波动问题，无法真实反映被测定小区居民生活污水的实际浓度水平。图 2-2 北方某沿海城市某小区测定结果同样存在上述问题，混合样 COD、氨氮、TN 和 TP 最高浓度和最低浓度测定结果分别产生 10 倍、2.8 倍、2.3 倍和 4.5 倍的差别。也就是说，采用这种瞬时取样模式时，个别瞬时样形成的高浓度值会严重影响整体测定结果的准确性，简单地以瞬时样或多个瞬时样的混合样计算居民小区 24h 的污水污染物浓度和产生量，明显存在污染物浓度代表性差的问题，而且很多数据偏高或偏低的根本原因是瞬时样不具有代表性，因此采用居民小区总排口取样测算生活污水污染物排放浓度，需要相对较多的连续取样测试数据才可能真实表征小区居民生活污水污染物的浓度水平。

1.3.2　主要问题

总体来看，使用小区总排口测算法进行城镇居民生活污水污染物产生量测定存在以下尚未解决的问题：

（1）瞬时样或混合样的代表性和有效性：虽然错落有致的小区楼宇分布会使小区内地下管网形成长度不等的树状污水收集管网系统，并对居民生活排水形成一定的混合作用，而相对较多的排污人口基数也会在一定程度上缓冲个体排污差异对取样结果的影响，但是由于小区内污水管道流速相对较低、排放点至总排口之间的距离相对较短，小区内管网对污水的混合搅拌作用相对较小，COD 和 BOD_5 占比较高的粪便等颗粒物很难在小区污水收集管道中有很好的破碎和混合效果。另外，小区总排口通常不仅不具备污水混合和破碎的功能，而且还存在低流速沉积问题，在该点位所取水样多数为瞬时样，且取样深度难以把控，无法准确取到代表性水样，因此小区总排口取样结果与测定时间段实际的排污浓度可能存在较大的差异；并且，绝大部分小区总排口无法通过简单的改造实现排水计量，计量装置或污水混合装置的安装成本相对较高，占地面积相对较大，落地难度相对较大。通过缩短取样时间间隔、增加取样频次并进行混合测定，虽然解决了单个水样浓度偏高或偏低问题，但这种方法并不能建立水质水量之间的逻辑关系，无法实现污染物浓度权重计算，对测定结果仍具有较大的影响。

（2）小区内实际人数的准确性和可信度：人均污水污染物产生量核算的前提是必须确保所统计的污水污染物总量与实际的排污人口数量对应。这也意味着不仅需要相对准确地掌握居民小区的居住人口数，还需要具体了解每个时间点或时间段实际停留在小区内的居民数量，对于私家车频繁进出的现代居民小区而言，这些通常是比较难以做到的。居民小区居住人口数方面，目前可用的数据一般包括户籍人口数、人口普查数或物业公司掌握的数据，由于绝大多数居民小区有住房租赁行为，有农村老人与子女阶段性共同居住的情况，还有一些住房长期闲置的情况，因此现有的统计人口数据一般会与实际居住在小区内的人口总数有相对较大的差距，也就是说我们很难准确地掌握一个居民小区实际居住的总人数。每个时间点小区内实际停留人数一般可通过作息规律或各出入口人员监控计数的方法计算，但是采用生活习惯或作息规律进行实际停留人数计算通常会有比较大的误差，无法保障数据结果的准确性。门禁和摄像监控技术基本上可以实现对徒步进出居民小区人数的统计计数，但是尚无法做到对私家车或出租车内人员数量的精准识别计数，也就是说对一个居民小区进出人数进行全口径统计目前仍存在一定的技术难度。当然也有人提出可以采用现代信息、手机信号定位等技术进行每个时间点小区内实际停留人数的统计，但这种统计方法过多地依赖手机等通信工具的使用情况，无手机或一人多个手机的情况都会对统计结果产生直接影响，加之利用手机统计固定区域人员数量现阶段还无法用于民用领域。这也意味着现有的技术手段基本上还无法做到居民小区内每个时间点实际停留总人数的精准监控和统计计算。

（3）人口数据与供排水数据的对应性：小区居民上班、上学、娱乐等外出活动，再加上物业、物流人员日趋频繁地进出，会导致居民小区内较为明显的人员流动现象，表征为 19 点至次日 7 点相对较多的居民停留在小区内，而 7 点至 19 点会有大量居民外出工作、购物，学生上学，这个阶段小区内实际停留的居民人数相对较少。也就是说白天工作时间段在居民小区内停留的人员数量会明显少于夜间时间段，有时工作时间段只有 20% ～ 30% 的居民会停留在小区内，如果我们按小区总人数进行人均用水量或排水量的核算，其计算结果会明显低于实际的用水量或排水量水平。基于小区内居民人数的波动性和实时统计数据的不准确性，任何涉及人均当量的指标，如人均日用水量、人均日生活污水排放量、人均日生活污水污染物产生量等都存在无法保障核算结果准确性的问题。

1.4 以污水处理厂为基准的统计核算法

1.4.1 研究与应用现状

前已述及，以城镇污水处理厂为基准的统计核算法是指根据污水处理厂进厂污染物浓度、污水量、污染物过程衰减系数以及所服务区域内排污人口数据，进行人均日生活污水污染物排放量测算的方法，属于典型的以城市或区域为统计范围的核算方法。由于数据来源可靠，计算方法简便，基于流域环境规划与管理的需求，20世纪60年代以来国外研究人员大多采用此方法开展人均日产排污负荷的测算和经验值的校核。为了保证测算结果的准确性，研究人员通常会选择具有一定规模和代表性的服务群体，服务范围内的雨污分流状况相对较好、污水收集率相对较高、污水处理厂进水受工业废水影响相对较小的城镇污水处理厂进行测算。

Alireza Mesdaghinia 等采用德黑兰9座污水处理厂的进水污染物浓度和处理水量、服务人口等数据，测算得到与本国实际污水特征相符的人均日生活污水污染物产生量，进而代替其他国家经典值用于指导污水处理工程设计。而 A. E. Zanoni 和 G. C. Alexander 则利用污水处理厂前端管网的污水浓度实测值和调查得到的区域人口数据进行计算。值得关注的是，G. C. Alexander 的论文中提出有效排污人口的概念，他们对测试区域内的工人、学生等流动人群在区域内的停留时间进行了统计和估算，在此基础上完成测定区域内人口数的校核和修正，得到相对科学的有效排污人口数，一定程度上降低了排污人口数量波动对测算结果的影响，为核算方法的构建提供借鉴。

丁宏翔等采用污水处理厂污染物去除总量扣减所处理工业废水污染物量和外来污水污染物量的方法对滇池流域城镇污水处理厂处理的生活污水污染物量进行了核算，得到生活污水 COD、氨氮、TN 和 TP 浓度分别为 365.24mg/L、29.79mg/L、37.32mg/L 和 6.95mg/L，人均产污系数分别为 93.80g/（人·d）、7.65g/（人·d）、9.58g/（人·d）和 1.78g/（人·d）

的核算结果。钱俊等选择四川省内代表性污水处理厂，以某时间段污水处理厂进水月报数据和服务人口核算得到成都市的 COD 产生系数为 74g/（人·d），氨氮产生系数为 7.0g/（人·d）；其他地级市的 COD 产生系数为 33.6g/（人·d）～50.0g/（人·d），平均值为 43.48g/（人·d），氨氮产生系数为 2.98g/（人·d）～6.79g/（人·d），平均值为 4.86g/（人·d）；县级市的 COD 产生系数为 22.2g/（人·d）～45.3g/（人·d），平均值为 40.17g/（人·d），氨氮产生系数为 2.49g/（人·d）～6.04g/（人·d），平均值为 4.49g/（人·d）的研究结论。上述测定结果明显低于我国新修订的《室外排水设计标准》GB 50014—2021 提出的推荐值，与欧美、日本、新加坡等发达国家和地区相关指标基准值的差别更加明显。对钱俊等研究论文的总结分析不难发现，其所使用的城镇污水处理厂进水 COD、氨氮和 TP 浓度普遍在 150mg/L～320mg/L、20mg/L～50mg/L 和 1.2mg/L～4.0mg/L 水平，符合我国城镇污水处理厂低进水污染物浓度的典型特征，污水处理厂实际接纳的生活污水污染物总量远低于城市居民生活产生并通过收集传输后应被污水处理厂接纳的污水污染物总量，是造成核算值偏低的重要原因。

2019 年 4 月 8 日，生态环境部发布的《第二次全国污染源普查产排污核算系数手册（试用版）》（以下简称《手册》）中提出的"生活污染源产排污系数"也采用以污水处理厂进水水质水量为基准的测算方法。《手册》在充分考虑地理位置因素、城市经济水平、气候特点和用排水特征的基础上，将全国划分为 6 个区域，并按照经济水平、第三产业比例、人均用水量和排污特征差异等要素，将城市分类为较发达城市市区和一般城市市区；按照经验数据，为不同区域不同类型的城市设定了人均日生活用水量、折污系数和综合生活污水污染物浓度的上限、下限和平均值，并明确提出当普查或检测结果超出《手册》设定的上、下限值范围时，直接使用《手册》规定的平均值。为此，我们对文件相应表格中的平均值进行整理，获得如表 2-3、表 2-4 所示的数据。

表2-3 基于《手册》的较发达城市市区排污基础数据

区域	人均日生活用水量 [G/(人·d)]	折污系数	浓度平均值（mg/L）					人均日污染物产生量 [g/(人·d)]				
			COD	BOD$_5$	NH$_3$-N	TN	TP	COD	BOD$_5$	NH$_3$-N	TN	TP
一区	164	0.85	370	145	30.6	41.2	4.58	51.58	20.21	4.27	5.74	0.64
二区	148	0.85	530	238	44.8	62	6.55	66.67	29.94	5.64	7.80	0.82
三区	152	0.85	475	226	43.4	59	5.3	61.37	29.20	5.61	7.62	0.68
四区	223	0.85	345	131	26.2	36	4.26	65.39	24.83	4.97	6.82	0.81
五区	276	0.85	300	135	23.6	32.6	4.14	70.38	31.67	5.54	7.65	0.97
六区	202	0.85	360	157	36.2	47.8	4.64	61.81	26.96	6.22	8.21	0.80

表2-4 基于《手册》的一般城市市区排污基础数据

区域	人均日生活用水量 [G/(人·d)]	折污系数	浓度平均值（mg/L）					人均日污染物产生量 [g/(人·d)]				
			COD	BOD$_5$	NH$_3$-N	TN	TP	COD	BOD$_5$	NH$_3$-N	TN	TP
一区	114	0.85	340	134	28	37.6	4.18	32.95	12.98	2.71	3.64	0.41
二区	131	0.85	485	218	40.8	56.5	6	54.00	24.27	4.54	6.29	0.67
三区	145	0.85	425	202	39	53	4.76	52.38	24.90	4.81	6.53	0.59
四区	168	0.85	310	118	23.6	32.6	3.84	44.27	16.85	3.37	4.66	0.55
五区	207	0.85	285	129	22.6	31.2	3.96	50.15	22.70	3.98	5.49	0.70
六区	162	0.85	330	142	32.8	43.2	4.2	45.44	19.55	4.52	5.95	0.58

从表2-3、表2-4中数据不难看出，按照第二次全国污染源普查所提供的相关指标平均值计算的较发达城市市区人均BOD$_5$、TN和TP产生量分别为20.21g/（人·d）～31.67g/（人·d）、5.74g/（人·d）～8.21g/（人·d）和0.64g/（人·d）～0.97g/（人·d），一般城市市区人均日BOD$_5$、TN和TP产生量分别为12.98g/（人·d）～24.90g/（人·d）、3.64g/（人·d）～6.53g/（人·d）和0.41g/（人·d）～0.70g/（人·d），仅为《室外排水设计标准》GB 50014—2021列出的日本、美国、德国、英国等发达国家和地区人均污染物产排数据的30%～50%，甚至更低水平。因此，我们

使用住房和城乡建设部《城市建设统计年鉴》和"全国城镇污水处理信息管理系统"数据对《手册》中的相关数据进行校核，发现95%以上的城市人均日综合生活用水量值（按统计年鉴中的公共服务用水和居民家庭用水计算）在《手册》给定的上、下限范围内，但56%的城镇污水处理厂进水浓度最大月均值并不在《手册》确定的污染物浓度上、下限范围内，也就是说大部分城市污水处理厂污染物浓度值并不在《手册》规定的上、下限范围内，需要使用《手册》提供的平均值进行核算。另外，城镇排水管网质量较差、清水入渗入流问题突出已经成为全社会共识，城镇污水处理厂实际进水污染物浓度并不能真正表征应有的污水污染物浓度水平，所处理的也不都是"污水"，因此以污水处理厂进水浓度的概率分布或累计分布进行污染物浓度核算的科学性有待商榷。再者，《手册》使用的污水排放量是基于供水量和折污系数的核算值，而污染物浓度是经管道稀释后的污水处理厂进水浓度的实测值，也就是说该核算方法认可了"清水"稀释导致的城镇污水处理厂进水低浓度问题，但并没有认可"清水"导致的污水处理厂水量增加问题，这应该也是造成数据偏差较大的重要原因。

1.4.2　主要问题

理论上说，只有当城镇污水处理系统可以实现服务范围内居民生活污染物的全部有效收集，实现外排污水污染物和管道沉积物的污染当量精准计量，实现测定范围内排污人口的精确核算，而且城镇污水处理厂进水中工业或其他非居民生活类污染物影响相对较小或可以核算扣减时，才可以直接使用城镇范围内的所有污水处理厂进水水质水量及人口数据，再结合已经公开的理想排水管网中各种污染物的衰减系数，非常方便高效地计算出人均污水污染物的产排情况。但目前我国的城镇排水行业实际情况并不能支撑该核算方法的有效实施，主要表现在：

（1）城镇居民人均生活污水污染物产生量是通过生活污水污染物的产排总量，而不是通过浓度核算的。因此如果可以确保居民生活污水污染物全部有效收集，而且污水收集系统不存在污水外渗、外排、外溢等问题，管道污泥沉积导致的污染物衰减损失量也相对不严重，各种清水入渗入流污水管网造成的污水稀释，只会增加需收集的污水总量，导致污水污染物浓度降低，但并不会对所收集的生活污水污染物总量形成明显影响。按所处理污水量与污水污染物浓度的乘积，兼顾管网输送过程污染物的理论衰减系数，仍可方便地计算出生活污水污染物的产排总量。当然，由于排入污水管道的清水通常呈现"氧化性"特征，会与呈现"还原性"特征的污水发生化学反应或生化反应，使"还原性"污染物的衰减略高于理论值，因此我国有条件使用该计算模式的地区，实际计算时也应考虑适当增大理论衰减系数。另外，我国大部分城市管道质量低下、运行维护状况并不理想，城镇居民生活污水直排问题比较突出，管道低流速污染物沉积问题比较严重，绝大部分城市目前尚无法实现污水污染物的"全收集"，COD、BOD_5 等污染物指标实际衰减系数远高于理论值，基于污水处理厂水质水量计算的污染物总量并不能代表城镇居民的实际排污水平。

（2）国内仍有大量城镇污水处理厂接纳一定比例的工业废水、垃圾渗滤液或其他非生活污水。随着环保监管力度的持续加大，大部分排入城市下水道的工业废水水质实际上已经达到相对较高的行业标准，基本上可以认定为排入城镇污水处理厂的"清水"，在污水处理量取值合理的情况下基本上不会对核算结果产生明显影响，但高排放标准的工业废水通常呈现"氧化性"特征，会导致生活污水污染物形成化学衰减。与此相反，目前仍有很多地区将达到《污水排入城镇下水道水质标准》GB/T 31962—2015 的工业废水排入城镇污水处理厂，部分城镇污水处理厂还通过协商的形式接纳了食品加工等行业废水作为"补充碳源"，一定程度上增加了"污染物总量"。也就是说不同类型工业废水可能对污水处理厂进水浓度或污染物总量呈现截然相反的影响。

2 系统构建总体思路

城镇居民生活污水污染物产生量测算的最大难题是如何保证居民排放生活污水污染物的全部收集、确保污水污染物排放量与排污人口的精准对应，以及保障足够大的被测试群体数量，降低甚至避免个体排污差异对测定结果的影响。前已多次述及，在被测定居民可以积极配合的情况下，居民排放跟踪测算法具备对居民居家期间所产生生活污水污染物全部收集、污染物排放量与排污人口精准对应的可能性，但这种方法的可操作性相对较差，尤其是居民外出期间排放的污水基本上不具备收集条件；另外，这种方法通常无法保证相对较大的被测试群体数量，个体差异会对测定结果造成明显影响。小区总排口测算法可实现相对较大的被测定群体数量，基本上无须考虑个体差异的影响，但我国居民小区排水管网建设和运维水平决定了居民小区污水总排口所测定的污水和污染物并不一定能代表小区内居民排放的所有污水和污染物，再加上居民小区总排口通常无法精准计量总排水量，无法精确计算排污人口以及取样点位的污水分层等问题，这些因素都决定了居民小区总排口测定法并不是一种科学合理的测定方法。污水处理厂污染物浓度反算法则是一种适用于排水管网相对完善、污水收集效率相对较高的城市或区域级别的测算方法，但我国管网问题较为突出，满足该核算方法的区域并不多见。随着污水处理提质增效工作的推进，对城镇居民生活污水污染物产生量及污水浓度等基础数据提出了更高要求，建立行之有效的测定方法，选择典型城市开展测定工作成为行业高质量发展的必然需求。

2.1 基本原理与特征

本测定方法以居住人口达到一定规模的代表性居民楼宇作为测定对象，通过对不同取样时间段被测定楼宇内实际停留居民所排放污水的全部收集和混合取样测试，以及每个时间段对应排污当量人口的全口径统计核算，计算各时间段被测定楼宇内实际停留人员的人均污水污染物产生量，进而通过一个24h测定周期内各取样时间段人均实际污水污染物产生量的加和，核算出本测定楼宇居民的污水污染物产生量。其基本特征在于：

（1）以居民楼宇为测定范围，但测定对象并不限定于居住在被测定楼宇内的所有居民，而是指测定周期不同取样时间段实际停留在被测定楼宇内的"居民"，也就是说本测定方法的测定对象不是固定的居民群体，而是实际停留在被测定区域内的"居民"，即测定对象具有一定的随机性。此处的"居民"泛指所有进入测定范围内的人员。

（2）通过最大允许容积、最大时间跨度、特殊取样时间点等启动方式，自动将被测定楼宇内居民24h排放的所有污水分成20多份，使每次收集的污水量只有被测定楼宇一个24h取样周期排出污水量的1/20左右，可有效减小测定方法对污水收集计量装置的容积要求，真正意义上实现居民生活污水的全收集和每个取样时间段污水的均匀混合。

（3）以每个取样时间段被测定楼宇内的实际排污人口，而不是楼宇内的户籍人口或常住人口作为核算依据，可避免排污人口误差对测定结果的影响；通过污水收集计量系统自动形成的20多个取样时间段，将24h测定周期划分为20多个时间段，可以最大限度地降低每个取样时间段内的居民人数波动范围，降低楼宇内实际停留人员数量波动对排污当量人口核算的影响。

（4）以居民楼宇为测定范围，将被测定楼宇存在人员进出可能的所有出入口全部纳入监测统计范围，通过居民出入计数系统完成人员进出情况的精准识别和分段统计，实现每个取样时间段排污当量人口的精准核算。

（5）以在被测定楼宇内的实际停留时间代替居民人数作为排污当量人口的核算基准，停留时间越长核算出的排污当量人口越大，停留时间越短核算出的排污当量人口越少。也就是说对于一个60min取样时间段而言，1个停留3min的物流人员核算出的排污当量人口只有1/20，这种方法可以有效避免物流人员、物业人员或访客短时间停留对测定结果的影响。

（6）以污水收集计量装置的取样时间段作为居民出入计数系统排污当量人口核算的时间跨度，可以确保污水收集时间段与居民出入计数时间段有效对应，实现污水污染物量与排污当量人口对应，确保每个取样时间段人均排污水平计算结果的准确性。

（7）居民出入计数系统仅记录每个人进出被测定楼宇的具体时间，并不需要识别进出的人是住在被测定楼宇内的住户，还是物流人员、物业人员，或是访客，因而也就不需要对进出人员进行人脸识别或身份验证，摄像计数系统的安装运行不会对居民的生产生活造成直接影响。

2.2 系统组成与功能设计

城镇居民生活污水污染物产生量测定系统主要由待测定楼宇和测定核算系统两部分构成，其中测定核算系统包括污水提升装置、污水收集计量装置、居民出入计数系统、程序控制系统、本地服务器和数据处理平台等部分，具体如图 2-3 所示。

居民出入计数系统

待测定楼宇

数据处理平台

污水提升装置 污水收集计量装置

图 2-3 城镇居民生活污水污染物产生量测定系统基本构成

待测定楼宇：居民楼宇是生活污水污染物产生量测定的核心单元区域，每个测定时间段实际停留在被测定楼宇内的所有人是被测定对象，因此必须确保所选定居民楼宇满足"测定条件与装备"部分对居民楼宇的所有要求，尤其是要保障居民出入情况的全部识别统计、停留在楼宇期间排放生活污水的全部收集，而且需要确保被测定的居民与所排放生活污水对应，人员监控或污水收集范围内不能有影响测定结果的商业或其他活动场所。关于居民楼宇的选择要求，详见第一部分的"测定条件与装备"章节。

污水提升装置：连接楼宇排水和污水收集计量装置的核心单元，其核心功能是将测定期间居民排放的生活污水快速输送至污水收集计量装置，保障污水收集计量装置收集的污水与居民日常生活排放污水的时间基本吻合；非测定期间可自动切换至楼宇排水模式，确保居民生活污水的正常排放。因此测定方法对污水提升装置的设置和控制提出较高要求，原则上不能造成排水管道或其他设施的堵塞或溢流，不能影响居民正常的生产生活环境。另外，污水提升装置应具有颗粒污染物的简单破碎功能，以保障后续污水收集计量单元的混合效果和取样代表性。

污水收集计量装置：实现楼宇内居民所排放生活污水的精准计量、分时段完全混合取样功能的核心单元。考虑到楼宇内居民人数的高度流动性、排污量的高度波动性和污染物浓度的瞬时变化特征，污水收集计量装置主要采用最高允许液位（排污人口与用水规律变化特征不显著的常规排水时间段，设定最大水位线进行控制）、设定时间跨度（排水量相对较低的时间段，主要是居民夜间休息时间段，与各地生活习惯有关，最大时间间隔长度一般不宜超过 5h）和特殊取样节点（水质、水量或人口突变点，如居民早晨起床、离开家上班、中午就餐、夜晚休息前后等）三种运行模式进行控制。

居民出入计数系统：完成排污当量人口核算的重要设备单元，由居民出入识别记录系统和排污当量人口核算系统组成。按照传统的人员监控计数方案，可选用打卡、摄像或人工记录等方式进行居民出入楼宇情况的识别与记录，而后通过排污当量人口核算系统完成任意时间点被测定楼宇内实际停留人数（楼宇内居民人数初始值）以及每个时间间隔（取样时间段）被测定楼宇内排污当量人口的核算。考虑到进出打卡计数对居民生产生活的潜在影响和人工记录的可操作性问题，本测定方法推荐选用摄像识别计数方式。

程序控制系统与本地服务器：是实现污水提升装置、污水收集计量装置和居民出入计数系统的数据关联，确保整个测定装置一键启动，实现测定过程无人值守自动化运行的最基本功能单元。程序控制系统主要用于实现污水提升装置和收集计量装置的程序化运行，本地服务器重点服务于居民出入计数系统、污水收集计量装置数据的获取、存储与简单计算，并实现与数据处理平台的数据交换和校核。

数据处理平台：是实现多台（套）装置同步运行，实现不同类型用户协同作业和核心数据集中处理的基本功能单元。数据处理平台自动获取收集计量装置运行数据并将时间周期数据反馈至居民出入计数系统，水质分析化验人员通过专用账户手动输入分析化验数据，在此基础上完成数据自动甄别、计算和结果展示。根据实际需要可分为服务于一台（套）测定装置的本地数据处理平台或同时服务于多台（套）测定装置的远程数据处理平台。

在上述各功能单元的协同作用下，程序控制系统根据污水收集计量装置进水阀的启停情况，自动识别每个取样时间段的起止时间并反馈至数据处理平台。与此同时，数据处理平台根据居民出入计数系统记录的楼宇内居民进出情况，核算每个取样时间段的排污当量人口，并根据从污水收集计量装置获取的每个取样时间段的污水量和与之对应的水质检测结果，计算每个取样时间段的各污染指标产生量，而后以每个取样时间段的产污量除以该取样时间段的排污当量人口，即可计算获得每个取样时间段的人均污染物产生量情况。将 24h 各取样时间段的人均污染物产生量加和，即可获得居民人均日生活污水污染物产生量（图 2-4）。考虑到固定楼宇每天实际停留人数的高度波动性以及居民排污的不规律性特征，24h 细分的时间段越多，测定精度越高，但考虑目前国内外可选用自动采样器的操作条件以及每个取样时间段内计量、混合、取样、排水等工序的运行时间保障要求，原则上宜将每 24h 的取样次数控制在 20 次左右，且超过 24 次的应作为无效周期。

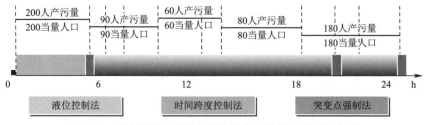

图 2-4　城镇居民生活污水污染物产生量测定原理示意图

3 污水提升装置

前已述及，测定方法需要对污水中的菜叶、卫生纸等颗粒物进行必要的机械破碎处理，避免后续的污水收集计量装置及泵阀、仪表探头等被杂物缠绕和污染物黏附，确保测定工作顺利实施；对污水中的大便、食物残渣等进行粉碎处理，保障取样的均匀性和随机取样的样品代表性；污水收集计量装置的破碎系统要同时兼顾快速破碎、降低噪声、有效混合等多重功能要求，保障较短时间、较小的搅拌强度下实现样品的完全混合。

为保障居民生活污水的及时收集，污水提升装置必须安装在距离居民楼宇排水最近的位置，这也决定了污水提升装置的安装位置可能会成为整个测定过程中对楼宇内居民生产生活影响最大的区域，需要综合考虑安装位置、噪声控制、臭气控制、环境影响、排水通畅等因素，做好整体设计。多地现场调研发现，我国很多城市的居民楼宇存在阳台生活用水接入雨水立管导致的旱天排放污水的情况，因此许多楼宇需要考虑对非降雨期间排放生活污水的所有雨水立管进行断接收集。对于需要进行雨水立管断接提升的居民楼宇，为降低测定工作对楼宇景观效果和居民生活环境的影响，雨水立管的断接点位一般不宜过高，以地表平铺为宜。根据居民楼宇排水管网实际建设情况，原则上可采用雨水立管与周边的污水立管共用提升装置，或多个雨水立管混合共建雨水立管污水提升装置等收集模式。

根据设计计算，污水收集计量装置最顶部的溢流口与地面之间通常会有 5m ～ 6m 甚至更高的高度，也就意味着居民楼宇排水几乎不可能通过重力流的方式直接进入污水收集计量装置，在地面接收的污水必须经过提升才能进入污水收集计量装置，提升泵的扬程应不小于 6m。

3.1　污水总管收集提升

3.1.1　整体布局

污水提升装置应由集水箱、提升泵、混合装置、进出水管、溢流管、控制系统等部件组成。根据现场安装条件，又可将污水提升装置分为地上立管安装式和地下横管安装式两种。两种提升装置的内部结构可参考图 2-5 和图 2-6。

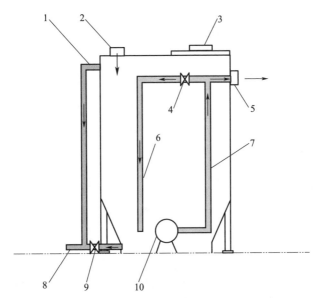

图 2-5　地上立管安装式污水提升装置结构示意图

1—溢流管；2—进水口；3—检修孔；4—回流阀；5—出水口；6—回流管；

7—出水管；8—排空管；9—排空阀；10—提升泵

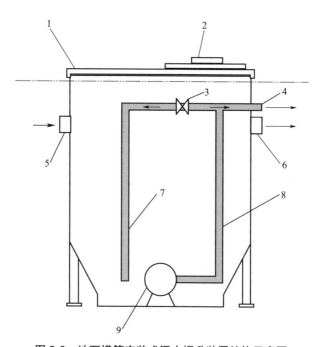

图 2-6　地下横管安装式污水提升装置结构示意图
1—加固盖板；2—检修孔；3—回流阀；4—出水口；5—进水口；
6—溢流口；7—回流管；8—出水管；9—提升泵

地上立管安装式污水提升装置通常用于污水立管裸露于建筑墙体外，比较容易进行断接，并可通过新设管道直接将污水重力流方式引入污水提升装置的居民楼宇。为避免污水溢流影响周边环境，原则上这种提升装置仅用于地面一层无住户的居民楼宇，条件许可时也可设置于地下一层的污水收集管道周边区域。污水立管的断接点位一般应高于提升装置的进水口，且新接入管道的连接方式应符合规范要求。污水提升装置直接放置在污水立管下方区域，通常不需要地埋安装或只需简单的开挖安装，提升装置的溢流管和排水管直接连通原有立管的地面管道或就近接入周边的污水集水井。地上立管安装式污水提升装置的排水口一般位于装置底部，考虑到提升装置内水泵等设备不宜长期连续运行，而非测定期间居民生活污水中的颗粒物、漂浮物、缠绕物等众多杂质会在装置内各种死角区域沉积，因此应通过合理的池型结构和水力学设计，确保非测定期间居民生活污水通过底部排水口排放时，自动带走各种杂质，基本上不会在装置内形成较明显的沉积物和漂浮物，尤其是需要重点关注提升泵及附属设施形成的死角和缠绕区域。但在测定工作中断一段时间，再次启动测定周期前，一般仍建议关闭提升装置排水阀，利用居民排水对集水箱内的沉积物和漂浮物进行彻底浸泡，并利用居民排放污水对提升装置内的污染物进行自流冲刷清洗，确保测定周期第 1 个取样时间段的水样不会受到前期形成的沉积物的影响，因此建议测定周期的起始时间点设置在居民排放污水相对"干净"的时间段。测定装置的设计需要考虑水泵故障或水泵提升能力小于居民生活排水量时的污水正常排放问题，确保任何时刻都不会出现影响周边环境甚至制约测定工作顺利实施的污水冒溢问题。因此，立管安装式污水提升装置需要在提升装置的中上部设置溢流管，并将其连通至排水管或直接连接到下游集水井。为降低设备成本，实际操作中也可直接利用溢流管作为排水口，但需要考虑非测定期间的沉积、缠绕和潜在的恶臭气体散逸问题，并适当增加测定前的清洗频次和清洗强度，保障沉积物的清除效果。另外，也可考虑将污水提升装置设计为原有污水管道的旁路系统，与污水立管并联安装，通过阀门调节实现测定期间经由提升装置排水，非测定期间通过原有管道排水的方式，这种模式比较容易解决非测定期间的沉积物和缠绕物问题，但会增加建设成本和运维难度。从保障居民楼宇正常排水并确保装置稳定运行的角度考虑，一般建议污水立管断接点到提升装置进水管之间有不小于 1m，或断接点至提升装置地平面之间有不小于 2m 的安全距离。

地下横管安装式污水提升装置通常采用地埋式安装，通过对地下污水排放总管进行断接，将提升装置串联或并联至污水管道上，或直接将原有污水集水井替换为横管安装式污水提升装置。与地上立管安装式污水提升装置相比，地下横管安装式污水提升装置通常无须也无法单独设置超越管，只需要将提升装置的进水口和出水口分别连接到断接的污水管道即可。为满足提升装置内水泵的安全运行和居民生活污水的正常排放，无论是地上立管安装式污水提升装置，还是地下横管安装式污水提升装置，其进、出水口均需要设置在提升装置的中上部，而这种中上部进水、中上部出水的连接方式很容易使非测定期间居民生活污水中的颗粒物、缠绕物等杂质在提升装置内形成沉积和缠绕堆积问题，可能会直接影响每个测定周期前几个取样时间段样品的代表性。因此，一般建议地下横管安装式污水提升装置与原有污水管道之间按并联模式设计，确保非测定期间通过阀门切换，使居民生活污水仍经由原污水管道排放，而不是通过污水提升装置排放。当然，即使是采用这种并联超越模式，仍建议在测定工作中断，再次启动测定系统时，利用居民排水对集水箱内的沉积物和漂浮物进行反复的浸泡和清洗。集水箱清洗期间应开启混合搅拌功能。

3.1.2 集水箱

集水箱是污水提升装置的外部结构，其核心功能是短期蓄水并保证测定装置运行期间提升泵的正常运行。鉴于居民生活污水中会掺杂瓜果蔬菜、剩饭残渣、粪便、厕纸、头发、织物等颗粒物和缠绕物，传统的提升泵通常难以在这种条件下长期使用，因此污水提升装置必须使用具有切割功能的污水提升泵。装置加工期间经市场调研发现，目前可供选择的带有本系统所需切割功能的提升泵产品主要有日本鹤见、意大利泽尼特等，其市场化产品的最小设计流量通常在 200L/min ～ 500L/min，而从保障水泵运行寿命角度考虑，一般要求水泵每小时启动频次不大于 6 次，每次的运行时间不小于 5min。如果按照人均生活污水排放量较大值 0.2L/min 进行估算，一个 200 人～ 300 人居住人口的居民楼宇，居家人数高峰时段的排水量在 40L/min ～ 60L/min，远低于市场可选择切割泵的最小设计流量，形成不小于 150L/min 的进出水量差值，这也意味着每次 5min 的运行时间需要相对较大的集水箱容积，从而增加设施占地和开挖土方量，在实际操作中通常是比较难以实现的，这会在很大程度上影响测定方法的推广应用。

集水箱设计的另一个关键点是尽量避免测定期间其内部的污染物沉积和漂浮问题，同时降低非测定期间的污染物沉积对后续测定的影响。虽然前已述及，实际测定过程中可通过反复冲洗等方式降低沉积和漂浮物的影响，但毕竟这种冲洗方法耗时费力，而且冲洗并不能有效解决测定期间的沉积物和漂浮物问题，因此合理的集水箱池体结构设计和必要的混合搅拌成为解决沉积和漂浮问题的关键。

常州测定现场研究表明，通过在污水提升泵出水口设置分流装置，将一部分污水分流至集水箱，不仅可以解决污水提升泵对集水箱容积的要求，还可以通过合理的管道布局和流态设计，实现污水的混合搅拌功能，避免测定期间污水提升装置内的颗粒物沉积或漂浮问题，确保居民所排放污水快速及时地输送至污水收集计量装置。另外，在不影响污水切割提升泵运行的情况下，将集水箱底部按泵头允许的最小尺寸设计为平底结构，并尽量将集水箱的中下部设计成截面积逐渐减小的锥形结构，可尽量减少水泵抽吸过程中的死区，有效解决颗粒污染物沉积对测定结果的影响。

3.1.3　运行控制与溢流监测系统

城镇居民生活污水污染物产生量测定的一个重要前提是被测定居民楼宇内排出的所有污水全部收集输送至污水收集计量装置，因此需要在所有提升装置上设置溢流监测系统，确保对每个提升装置的溢流情况进行全过程监测。测定过程中，任何一个提升装置的溢流监测系统显示出现溢流或潜在溢流风险时，则意味着被测定楼宇内居民排放的污水存在未被全部收集的可能性，测定周期无法满足测定要求，需要按照无效周期处理。

研究和测试结果表明，采用超声波液位计或隔膜液位计进行运行控制的污水提升装置，可直接将超声波液位计或隔膜液位计的数据作为溢流监控的主要依据，进行溢流报警；采用浮球阀进行运行控制的，也可以利用浮球阀进行溢流监控，但需要关注缠绕物对浮球阀的潜在影响。拨片或水管靶式原理的水流开关一般只能用于相对较高流速的溢流监测，用于本系统时存在较大的监测无效或漏报风险，不建议使用。

3.1.4　降噪设计

居民小区是城镇居民生活污水污染物测定的重要实施场所，污水提升装置更是直接安装在居民楼宇周边，因此其噪声控制，尤其是夜深人静时间段的"低频噪声"控制成为测定工作顺利实施的关键。

常州现场测定初期发现，污水提升装置的提升泵每次启动都会形成非常明显的噪声，这个噪声并不完全来源于切割泵的运行，而更多的是来自于污水提升过程中集水箱内水压瞬时变化时不锈钢池体张力回缩所引起的机械性振动，是污水提升装置的第一类噪声。跟踪研究发现，集水箱池体采用方形结构，而池体外部结构支撑强度不足时，池体很容易在蓄水过程中通过"水压"张力作用产生"凸起"，而后在提升泵排水的一瞬间出现张力回缩现象，形成较明显的"叮咚"声。蓄排水水位差越大、排水速度越快，"叮咚"声越明显。后期虽然采取加强筋等措施对集水箱进行加固处理，同时采取一些必要的物理降噪措施，但排水过程中产生的"叮咚"声仍难以避免。方形池体结构在噪声控制方面存在一定难度，在改为圆形集水箱结构后，蓄排水过程中形成的"叮咚"声明显降低，合理的池型结构设计是一种行之有效的污水提升装置降噪措施。

污水提升装置的第二类噪声主要来自于污水搅拌混合过程。居民家庭排放的"新鲜污水"中含有瓜果蔬菜、剩饭残渣、粪便、卫生纸、头发、织物等沉积颗粒物或漂浮物，在提升阶段，甚至在整个测定周期对集水箱内的污水进行混合搅拌是避免颗粒物沉积或漂浮，确保测定结果准确性的重要措施。但是搅拌混合过程水流撞击池体引起的噪声通常难以避免，一般情况下紊流程度越高，水流引起的噪声越大，混合搅拌要求和噪声控制成为提升装置设计运行过程中需要协调的矛盾。分析研究表明，圆形池体结构可明显降低污水搅拌混合噪声，合理的进水导流设计可确保混合搅拌效果。

污水提升装置的第三类噪声主要来自于污水跌落至池底形成的冲击声，当进水管道与集水箱水平面之间存在比较大的空间距离时，这种冲击声就会变得更加明显，而进水管口完全淹没在水面之下时又会产生气泡声。沿集水箱池壁设计旋流进水结构，并尽量将进水管延伸至进水泵中部位置，不仅有助于降低污水跌落形成的冲击声，还能提高污水混合搅拌效果，是一种实际操作中可以采用的简便易行的噪声控制措施。

污水提升装置的第四类噪声主要来自于提升泵启停和运行过程中产生

的"低频噪声"，尤其是切割泵对骨头、泥沙、木块、金属等硬质颗粒物进行切割，以及缠绕物导致电机超负荷运行时产生的"噪声"，再叠加其他难以有效规避的水力学噪声，在夜深人静时对于睡眠不好的人会形成"致命"的影响，成为影响测定工作在楼宇周边实施的关键要素。

常州测定现场研究发现，通过在污水提升装置外加装隔声棉等措施，并配合必要的设计优化和运行控制手段，基本上可以解决上述各类噪声问题。另外，条件许可的情况下，将集水箱整体或大部分结构置于地面以下，也可以有效降低装置运行过程中的噪声问题。关于常州加装隔声棉的相关内容，详见后续章节的介绍。

3.2　雨水管道旱流水收集提升

我国南方部分地区的居民有将洗衣机或厨房搬迁至阳台的习惯，但由于楼房设计时并不会考虑在阳台预留污水管道和污水接驳口，因此居民通常直接将洗衣机或厨房排水管道接入雨水立管上，从而导致雨水立管经常出现旱天排放污水的情况，这是居民生活污水污染物产生量测定期间需要关注和考虑的问题。由于多数雨水立管裸露于楼宇墙体外，且通过雨水立管所排放污水中需要破碎以确保取样均匀性的颗粒物和沉积物相对较少，绝大多数颗粒物可直接通过潜污泵排出，因此与楼宇污水总管的提升系统相比，雨水管道旱流水的收集提升系统设计要相对简单，主要包括雨水立管断接改造和集中提升两个方面的技术要求。

3.2.1　雨水立管断接改造

楼宇雨水立管改造的基本原则主要包括：旱天通过雨水立管排放的污水全部收集，不能有溢流；做好新接入横管的关键支点保护，避免横管过量存水影响雨污水的正常排放，甚至影响雨水立管的质量和寿命；雨水正常排放，降雨期间不能有明显的冒溢；整体改造不能影响楼宇外观结构和居民的正常生产生活。

图 2-7 为雨水立管旱流水收集管道实际改造图，其中（a）图为改造前的雨水立管，（b）图为改造后的雨水管道。雨水立管改造的基本思路为：对原雨水立管进行断接并直接使用连接管道将旱流水引入周边的污水提升装置或集中的雨水立管提升装置。考虑到存在多个居民家庭同时排放洗衣废水，且洗衣机瞬时排水量较大的实际情况，再加上可能存在的管道弯曲变形导致的水流不畅问题，原则上建议雨水立管改造时全部使用与原管道直径相同的管道。由于可能会将多个雨水立管最终汇集到一根同直径的雨水横管中，降雨期间的横管排水能力无法满足实际需要，实际操作过程中需要在每个立管弯头的上方增设三通溢流管，作为降雨期间的雨水排放管道。根据常州现场经验，PVC 管道横向安装并长期存水的情况下，很容易变形并影响排水能力，适当增加横管和三通溢流管之间的竖向高差，提高雨水横管的运行压力，有助于保障雨水管道旱流水的正常排放。

（a）   （b）

图 2-7　雨水立管旱流水收集管道实际改造图
（a）改造前的雨水立管；（b）改造后的雨水管道

雨水立管改造的另一个注点是管道支撑。常规的居民楼宇雨水立管设计安装通常仅需要考虑管道自重和雨水跌落过程中产生的摩擦力，因此对雨水管道安装的技术要求通常并不高，常规立管支架的支撑力完全可以保障雨水管道的正常使用。但是雨水立管末端连接雨水横管，尤其是当横管发生变形存水后，立管的受力将发生明显变化，在管道支撑点设计不合理的情况下，很容易对雨水立管形成"拉扯"作用，导致出现管道接口断裂、伸缩管脱节、管道支架断裂等情况，影响雨水立管的正常使用，原则上所有连接雨水横管的立管下方都应设置管道支架，并尽量加大整个横管的支点布设密度，测定期间还需要定期跟踪横管及管道支架区域的沉降情况，确保雨水横管的正常排水能力。

3.2.2　雨水管道旱流水集中提升

雨水立管旱流水集中提升一般有两种方式：汇集至楼宇污水提升装置或雨水井后集中提升。

在工程条件或环境条件允许的情况下，应尽量将雨水立管截流的旱流水汇集至楼宇污水提升装置，这不仅可以最大限度地降低污水提升系统的复杂性，减少提升装置的设备投资和运维难度，还可以部分解决测定期间，甚至非测定期间雨水立管旱流水的收集问题。但是采用雨水立管高位断接排入污水提升装置的方式，也意味着存在降雨期间大量雨水通过污水提升装置排放的问题，提高了污水提升装置的设计和运行要求。因此，对于雨污分流排水体制的小区，需要考虑在雨水立管或横管上设置阀门，并联一条雨水排放通道，通过阀门的调节将降雨期间的运行模式切换至雨水排放状态，直接将雨水排入周边的雨水集水井中，避免过量雨水通过雨水横管进入污水收集系统。

在工程条件或环境条件不允许的情况下，应将雨水横管集中至一个或多个集中收集点，并可以比较简单地采用收集桶、污水提升泵和浮球液位计结合的方式进行雨水管道旱流水的收集，收集桶的溢流或排放管道可直接设置于雨水收集井内，这样不需要设置复杂的溢流系统，只需要在收集桶上进行简单的设计加工，就可以确保非测定期间或降雨期间排入的水直接通过溢流或漫流的方式排放。

通常情况下，雨水立管排放的污水主要来自居民洗衣废水，厨房废水的排放量相对较少，而且即使有厨房废水排放，只要是相对现代化的厨房设施，其所排出的漂浮物和沉积物的量也相对较少，一般不需要考虑混合搅拌要求。但如果所选定楼宇居民家庭将厨房搬迁至阳台，雨水立管接纳了厨房废水的情况比较多时，应尽量将雨水立管转接至楼宇污水管提升装置，以降低厨房废水中的油脂等漂浮物和食物残渣等颗粒物对测定结果的影响。

4 污水收集计量装置

4.1 整体结构

污水收集计量装置的核心功能是确保整个测定周期内，分批次对楼宇内居民排放的所有污水进行计量、混合、取样，用于精准计算每个取样时间段楼宇内居民排放的污水总量、平均浓度和污染物总量。作为本测定方法的最核心功能单元，污水收集计量装置的设计对于保障测定方法的可操作性和测定结果的准确性、真实性至关重要。

污水收集计量装置的主要结构和功能单元包括计量池、调节罐、取样系统、程序控制系统。另外，考虑到污水提升和收集计量装置需要安装在居民小区内，尤其是居民楼宇周边，测定工作对居民生产生活的影响难以避免，因此如何尽量减小装置落地到完成测定工作装置搬出的整个过程对被测定楼宇及周边居民生产生活的影响，让周边群众真正意义上理解和支持这项测定工作，成为测定工作顺利实施的关键所在。而尽量减小测定期间的装置运行噪声，避免测定过程中的恶臭气体散逸问题，以及提高提升装置与周边环境的相容性，都成为测定工作顺利实施的重要保障，这些因素对测定装置的研发都提出了更高的要求。

污水收集计量装置结构详细示意见图2-8。

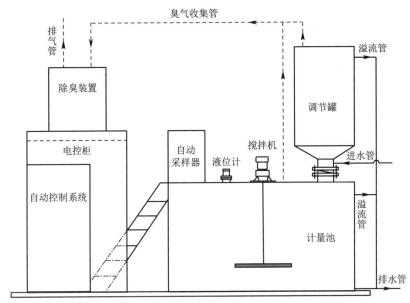

图 2-8　污水收集计量装置结构详细示意图

各结构和功能单元设备组成及核心功能如下。

计量池主要用于楼宇内居民排放污水的及时收集、计量、混合和取样，是污水收集计量装置最主要的功能单元。根据功能需求，计量池需设置溢流管、进水管、排水管、排气管等通道，并配备液位计、搅拌器等设备设施。

调节罐主要用于每个取样时间段测定工作进入计量、混合、取样阶段时，楼宇内居民排放污水的临时存储。计量池内污水精准计量的最关键控制要素是池内的液位不能有明显的波动，因此计量工作必须在混合搅拌之前完成，混合搅拌、取样及排水阶段都不能再向计量池进水。这也意味着整个装置需要一个具有一定调蓄空间的专用调蓄池，用于每个取样时间段计量、混合、取样、排水阶段居民排放污水的临时存储。当然，如果污水提升装置的调蓄容积足够大，也可以用作临时存储，但这样会增加整个系统的运行控制难度，而且过于庞大的污水提升装置意味着需要在居民楼宇污水排口位置有较大的占地面积和相对较大的工程实施现场，这会对测定工作的顺利落地造成极为不利的影响。因此，建议在计量池上设置调节罐，作为计量、混合、取样、排水阶段污水的临时存储设施，并通过计量池和调节罐之间设置的电动进水阀进行进水调节与控制。按功能需求，调节罐需设置进水管、溢流管、排气管等通道，配备液位计或溢流监控仪表。考虑到污水每次在调节罐内停留的时间相对较短，且一直处于流动状态，因此一般无须配置搅拌装置，只需通过调节罐的流态设计就可以实现污水中颗粒物或沉淀物的快速排放。

污水取样系统推荐选用带有恒温冰箱、24 个标准 1L 采样瓶的自动采样器。污水收集计量装置完成污水混合后，自动控制系统会向自动采样器发出采样指令，自动采样器根据其内置的冲洗、取样、反洗程序，完成每个取样时间段的水样采集工作，也就是说所选用的自动采样器需要有外部信号控制的功能模块。计量池内需要预埋自动采样器进水管的套管，并科学设置套管的进出水通道，确保每次取样可代表计量池内的完全混合样，且采样器冲洗、取样、反洗全过程进水管与套管之间不会产生过于明显的噪声，还需要方便进行进水管和套管缠绕物清理等工作。

程序控制系统是污水收集计量装置运行的控制中枢，也是整个测定方法顺利实施的关键。程序控制系统应能根据预设指令和控制程序，自动实现污水收集计量装置的运行控制，及时向污水提升装置和居民出入计数系统发送运行指令和程序数据，并在系统运行状态发生异常时自动识别影响并发出预警信号，同时采取相应的应对措施。程序控制系统的具体设置要求详见后续章节。

除臭系统的主要作用是对计量池和调节罐进水过程中挤压出的池体内的恶臭气体进行净化。对于密闭性相对较好的计量池和调节罐，池体中上部的溢流口会成为恶臭气体的一个重要排放通道，考虑到溢流管道全部采用密封方式连接至后续的排水管道或检查井，恶臭气体通过溢流口及后续管道设施外溢的风险相对较小，因此通过溢流口排放恶臭气体时一般不需要设置气体净化装置。但溢流管道及后续的污水管道存在排水拥堵或长期高水位满管流导致排气不畅的风险，因此一般不建议直接作为气体排放的唯一通道，因此建议在计量池和调节罐顶部专门设置一个排气通道，并设置专门的除臭和空气净化系统，避免出现恶臭问题从而影响测定工作的顺利实施。

4.2　计量池设计

4.2.1　结构与功能设计

　　方形池体结构的强度不足时,很容易在进水和排水阶段产生压力变形,而这种变形很容易影响容积计量的准确性,当然这种变形有时候非常明显,对容积计量结果的影响相对较大,有时候则只发生在局部,对容积的影响并不显著。另外,为尽量缩短每个取样时间段的时间跨度,减小调节罐的容积要求,一般会要求缩短计量、混合搅拌、取样、排水的时间,而在快速排水阶段,这种方形结构的池体很容易因快速压力释放而回弹,产生一种让人难以忍受的、明显的钢板回弹噪声,因此方形池体结构对隔声降噪措施提出了比较高的要求。当然,方形结构原则上更容易实现污水的均匀混合,但在相对较大的混合搅拌强度下,污水在方形池体中会形成更大的水流撞击噪声。与方形池体结构相比,圆柱形或圆锥形结构的池体则在缓冲压力变形、降低水流撞击噪声等方面具有明显优势,因此建议计量池按圆柱形或圆锥形结构设计,一般不推荐使用方形池体结构。

　　液位计量时必须保证计量池内的水位处于相对稳定状态,但为了确保污水的完全混合,搅拌和取样阶段计量池的水位会存在比较明显的波动,因此在搅拌和取样程序后进行水量计量,通常意味着需要相对较长的水位稳定时间,这将直接导致计量、混合搅拌、取样、排水时间的延长,也因此需要增大调节罐的容积,从而最终影响液位计量的准确性;计量池进水阶段,通常可以通过流态设计降低池内水位波动的情况,也就意味着只需要相对较短的静置时间就可以达到计量要求。因此计量宜设置在进水结束,搅拌装置未开启的时间段,只有这样才能在保证计量准确性的同时尽量缩减计量、混合搅拌、取样、排水过程的时间,实现整个系统的集约化。

　　城镇居民生活污水中通常含有大量的漂浮物、沉积物,尤其是食物残渣、大便等高有机物含量、黏稠块状物质,这些物质很容易在静置条件下上浮或下沉,并在计量池内形成漂浮物或沉积物,对测定结果产生非常明显的影响。在取样前对计量池内的污水进行完全混合是化验数据代表性的基本要求，也是本方法测定结果真实性和准确性的重要保障。另外，每次排水后计量池内不能有残存的污水或其他颗粒物、沉淀物，否则将直接影响下一个取样时间段的水量计量和浓度测定，这对计量池的池底结构设计提出了较高的要求。原则上计量池池体底部应设计一定的坡度或采用锥体结构，这样不仅有助于颗粒物向坡底位置转移，还有助于增强池底的抗压强度，避免池底变形产生积水问题。排水管道应尽量连接到坡底或锥体底部最低的位置，计量池排水口应设置在颗粒物最容易发生沉积的区域，具体位置应根据搅拌混合系统的设计运行情况确定。

计量池液位测定工作相对较为简单，超声波式或压力传感式（或隔膜式）液位计一般可以直接用于计量池液位测定。考虑到污水收集计量装置可能出现整体不均匀沉降的情况，将液位计安装在池体周边区域时，计量池稍微倾斜就可能对液位计量结果产生影响，并最终影响污水计量的准确性，因此建议尽量将液位计安装在靠近池体中间的位置，这样即使出现池体沉降甚至倾斜，一般也不会对水量计量结果产生太大的影响。只能将液位计安装在远离池体中心线位置时，应定期进行池体沉降和顶板水平状况测定。

另外，计量池上还需合理设置溢流管，确保设施设备工作异常、排水阀无法正常排水或楼宇居民生活污水排放量超过计量池设计最大有效容积时，进行计量池污水的事故性排放。

4.2.2　池容设计计算

生活污水变化系数是城镇污水处理工程设计的重要技术指标，是《室外排水设计标准》 GB 50014—2021 的重要设计参数。从《室外排水设计标准》GB 50014—2021 编制说明提供的数据不难看出，综合生活污水变化系数和平均日流量两个指标之间具有一定的负相关关系，平均日流量越小，综合生活污水变化系数越大（表 2-5）。表中提供的最小平均日流量为 5L/s，对应的变化系数为 2.3 ～ 2.7，而这个数据多数是在兼顾城市排水管网及附属设施调蓄能力基础上获得的，也就是说这个变化系数已经考虑了调蓄缓冲能力。由于本测定方法直接在居民楼宇出口截取所排放污水，污水调蓄空间和水量缓冲能力相对较小，因此计量池等蓄水单元应选取相对更大的变化系数。另外，对于 200 人～300 人居住人口的居民楼宇而言，绝大部分时间段的排水量将远低于 1L/s，再加上被测定楼宇内居民人数会有非常明显的流动性，也就是说按照本测定方法进行楼宇居民排水量测定，需要考虑更大的变化系数。

表2-5　《室外排水设计标准》GB 50014—2021编制说明中综合生活污水量变化系数

平均日流量（L/s）	5	15	40	70	100	200	500	≥1000
上海泵站调研拟合得到的日变化系数	2.7	2.4	2.1	2.0	1.9	1.8	1.6	1.5
《室外排水设计规范》GB 50014—2006	2.3	2.0	1.8	1.7	1.6	1.5	1.4	1.3
美国加利福尼亚州采用的计算公式 $K=5.453/P^{0.0963}$	2.7	2.4	2.2	2.1	2.0	1.9	1.8	1.8
Harrmon 公式 $K=1+14/[4+(P/1000)]^{0.5}$	3.6	3.2	2.8	2.6	2.4	2.1	2.0	2.0
Rabbitt 公式 $K=5/(P/1000)^{0.2}$	4.5	3.6	2.9	2.6	2.5	2.1	2.0	2.0

由于本测定方法要求对被测定楼宇内居民排放的全部生活污水进行收集计量和混合取样，但是被测定楼宇内居民的实际人数会因居民外出而发生变化，另外人均污水和污染物产生量也会因日常生活习惯而呈现明显的规律性，这也意味着人均污水排放存在高度波动性，每个取样时间段的时间跨度越短，人均排放量的核算结果越精准。所以，更短的取样时间间隔和更多的样品数量更有利于提高测定结果的准确性。但目前市场上商业化的自动采样器最多只有 24 个采样瓶，受采样瓶数量限制，在中途不更换采样瓶的情况下，每个测定周期的样品数量不能超过 24 个，这对污水计量装置的容积设计提出了较高的要求。

根据常州某小区居民楼宇测定期间的人均污水排放量统计核算结果（图 2-9），每天 7 点～10 点和 20 点～22 点是人均污水排放量高峰时间段，也是用水人数相对较多的时间段，应作为计量池设计重点考虑的时间段。

在综合采用容积、时间和关键节点三种控制模式的情况下，将用水量高峰时间段的时间长度控制在 30min ～ 45min，基本上可以确保每个 24h 测定周期的水样数量为 20 个～ 24 个。另外，用水高峰时间段 30min ～ 45min 的收集时间间隔，也可以满足污水收集、计量、混合、取样、排水全过程的时间要求，缓解瞬时用水高峰对整个测定过程的影响，但考虑到系统运行安全稳定，避免出现过多的无效测定周期，建议高峰时间段的时间间隔按 45min 设计。本测定方法核算出的被测定楼宇 9 月～ 10 月期间的最大人均日污水排放量约为《城市建设统计年鉴》公开的本地区人均日供水量数据的 1.5 倍～ 2 倍，为此建议使用《城市建设统计年鉴》统计的本区域人均日供水量的 2 倍、45min 停留时间作为污水收集计量装置最大容积的设计核算依据，并在测定过程中根据所测定楼宇居民的实际排水量和实际使用的采样瓶数量，通过调节最高收集液位的方式进行运行控制优化，可明显提升装置的适用性。

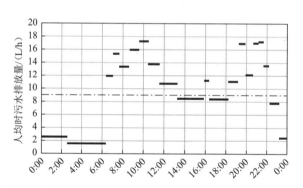

图 2-9　常州某小区居民楼宇人均时污水排放量核算结果

计量池水量设计和最大液位控制线确定时，还需要考虑计量池与调节罐之间的进水阀开关时间，因为即使选用高质量的快开阀或气动阀，进水阀从接收关闭指令到最终完成关闭动作，一般也需要 10s ～ 30s 的时间，而这个时间段楼宇内居民排放的生活污水仍然会进入计量池内，另外还需要考虑混合搅拌过程中形成的液位波动溢流问题，这些都决定了触发阀门关闭指令的控制液位应与计量池的溢流口位置之间预留足够高的距离，以避免进水或混合搅拌阶段的溢流问题。常州测定装置研究结果表明，在搅拌混合系统理想运行状况下，控制液位与溢流口之间预留 30cm ～ 50cm 的超高高度，基本上可以保障搅拌过程中不溢流。

4.2.3　搅拌混合系统设计

前已述及，尽量利用相对较短的时间快速完成计量池内污水的搅拌混合是提升水样均匀性，保障水样代表性的重要基础，也是确保测定工作顺利实施的关键要素。测定方法已经明确要求除部分雨水立管旱流水外，其余所有居民生活污水都需要通过带有切割功能的提升泵输送至污水收集计量装置，也就意味着居民家庭生活污水中的剩饭剩菜、大便等有机颗粒物，已经全部经过进水泵的机械切割和高速旋转输送，基本达到大颗粒破碎和有机无机物质充分混合的效果。在这种情况下，计量池内的搅拌设备并不需要太专业的功能设计，基本上可以实现有机污染物均匀混合的目的。但是传统搅拌器的旋流作用很容易使所搅拌液体产生明显的离心力作用，形成类似于旋流沉沙池的场景效果。这种离心力的旋流作用很容易使污水池中大部分空设相对较大的颗粒物被"甩"到池体的外侧边缘，导致圆柱体中心线位置的泥沙等颗粒物少，而外侧泥沙等颗粒物多的现象，会在很大程度上影响自动采样器取样的代表性，很难准确获得所计量取样污水的真实污染物浓度水平，尤其是对 COD、BOD$_5$ 测定结果产生较大影响，并在一定程度上影响 TN、TP 等指标的测定结果，这是计量池搅拌混合系统设计必须重点关注的问题。搅拌混合系统设计与设备选型时，可根据池体中心与周边所形成的液位差情况进行性能判断，当搅拌混合装置运行过程中，计量池中心区域与周边区域之间形成明显的液位差，且中心线位置的液位明显低于周边区域时，基本上可以判定存在比较严重的离心旋流问题。当所使用的搅拌器产生明显的离心力现象时，搅拌器转速越高，搅拌混合时间越长，这种离心力的作用越明显，污水污染物的完全混合效果就越差。

测定现场研究结果表明，要想达到最佳的搅拌混合效果，并尽量避免形成旋流现象，首先应选择低转速、大桨叶的搅拌器，较高的流速很容易形成旋流作用；尽量选择多层级桨叶结构，并通过桨叶角度的优化设计，使整个搅拌混合阶段计量池内的污水呈现竖向混合状态；最下层桨叶与池底的距离应不超过 20cm，确保每次搅拌时均将池底的沉淀物快速搅起。桨叶宽度以 10cm～15cm 为宜，可选轴对称型或三叶型结构，桨叶末端距离池壁以不小于 20cm 为宜，桨叶角度可按 30°～45° 设计，转速可按 20r/min～40r/min 设计。为进一步增强混合效果，可选用麻花式搅拌桨，也可在计量池内壁设置导流板、导流墙等装置，通过改变池壁周边区域的流态结构，助力污水无序混合，快速实现整个计量池内的水质均匀。在设计和设备选型合理的情况下，5min 即可实现计量池内污水的完全混合，即使搅拌混合效果不理想，一般情况下 10min 也足以确保计量池内污水的混合效果。

4.2.4 液位－容积曲线构建与校核

结构规则、内部部件相对较少的池体，一般可根据计算结果非常方便地建立液位－容积曲线。但是为了保障计量池内沉积物的清除效果，并增强底部的结构强度，避免焊接或承压后池体变形，通常会考虑将计量池底部设计为锥形结构，再加上池体内搅拌桨、导流墙等部件的不规则特征，以及排水口与排水阀之间可能存在的蓄水结构和整个池体钢板的变形等问题，通过"计算"绘制液位－容积曲线存在一定的难度，且精准程度相对较差。因此，一般建议在装置出厂前进行液位－容积曲线的人工绘制。另外，受内部空间结构，尤其是搅拌混合电机安装位置的影响，液位计一般无法安装在计量池的中心部位，这对整个池体的水平状况提出了更高的要求，计量池水平状态发生变化可能直接影响液位－容积曲线的准确性，因此，建议污水收集计量装置安装到位，或完成一定时间段的测定工作后，定期对液位－容积曲线进行人工校核。

在计量池标定和液位－容积曲线绘制方面，我们查阅了大量资料，咨询了相关行业专家和设备制造企业人员，发现 2m³ 左右非标容器的定容方法相对简单，但并没有适用于这种非标容器的液位－容积曲线绘制的标准方法。鉴于行业内没有得到普遍认可的标定方法，如何构建计量精度高、操作简便、操作条件不苛刻的液位－容积曲线绘制方法，也是本项目需要考虑的工作内容。

最终研究发现，这种容积装置的液位－容积曲线绘制其实本身并不复杂，可结合实际情况选用不同的标定和绘制方法。如果周边区域有自来水供水条件，可考虑加装高精度计量水表或利用现场计量水表进行定容和液位－容积曲线绘制。自来水供水条件不适合，需使用计量泵从周边取水计量时，也可直接选择高精度计量泵或耦合计量水表进行液位－容积曲线绘制。另外，也可采取标准量筒进行计量池定容，但鉴于目前商品化量筒的最大容积一般只有 2L，若用于对 $2m^3$ 左右的容器进行定容，相当于需要上千次的注水工作，工作量相对较大，可操作性相对较差，人为的操作误差可能直接影响测定结果。为此，项目研究团队还结合定容工作需要，研发了一套计量池液位－容积曲线绘制用固定式中大容积定容计量装置。其基本结构主要由 10L 或更大容积的圆柱或圆锥形结构容器、支撑架和进水泵组成，圆柱或圆锥容器中上部设水位调节堰槽、中部设进水管、下部设排水口，首先使用标准的定容量筒向圆柱或圆锥形容器内注入 10L 或预定容积的水量，并通过调整堰槽的高度，确保堰槽排水位与容器内水位保持相同高度，而后使用标准定容量筒对容器内排出的水进行校核定容。之后通过进水管注水至堰槽溢流状态，关闭进水后再次排水校核容器容积，反复校核后就可以作为定容装置安装于收集计量装置内，定期用于装置计量池的定容校核。这样每次只需开启进水阀使容器中的水在堰槽处形成溢流，而后关闭进水阀待溢流结束后开启排水阀，就完成 1 个 10L 或预定容积水量的注入，重复上述操作并记录每个水量对应的液位高度，就可以方便地绘制液位－容积曲线。对于 1 个 $2m^3$ 左右容积、不足 2m 高度的容器，每次注入 10L 相当于不足 1cm 的水深或液位升高值，计量精度基本可以满足测定工作需要。另外，每次向容器或计量池注水后，需要等待容器或计量池至水位稳定状态，以保证体积计量的准确性。

4.3 调节罐设计

4.3.1 容积设计

前已述及，调节罐主要用于计量池进入计量、混合、取样、排水等操作程序时，临时存储楼宇内居民所排放的污水，以确保被测定楼宇排水的连续性。这也意味着调节罐的容积应能满足每个取样时间段进水阀关闭，到计量池完成排水、进水阀再次开启这段时间内，被测定楼宇内居民生活污水的临时存储，这是调节罐容积设计的主要依据。

水面完全静止是计量池水位计量的重要条件，而进水阶段通常存在水位波动的情况，因此从进水阀完全关闭到水位静止，达到计量条件要求的整个时间长度一般需要 1min 以上。另外，为保障取样的水质均匀性，原则上每次的污水混合、取样时间应不少于 10min，再加上取样结束之后计量池还需要依次完成排水阀开启、污水排放、排水阀关闭，以及进水阀开启等程序，才能允许居民生活污水排入计量池，而上述整个流程至少需要 12min 的时间。也就是说，调节罐的容积至少应按不小于被测定楼宇排污人口及人均用水量高峰时间段 12min 的污水排放总量，即不小于计量池有效容积的 1/3 设计。

实际运行过程中如发现排水高峰时间段调节罐频繁出现溢流现象，导致测定周期无效的问题，可在保障污水完全混合效果的情况下，适当缩短计量池的混合、取样时间，从而起到降低调节罐蓄水时间，减小排入调节罐水量的目的。

4.3.2 流态设计

调节罐的主要功能只是用于计量池计量、混合、取样和排水时间段被测定楼宇内居民生活污水的临时存储，因此只要能保证污水排入计量池的过程中不会在调节罐内形成颗粒物沉积和黏附，调节罐排空后池壁和池底无明显的沉积现象，就不会对测定结果产生明显的影响。而调节罐向计量池排水的过程中并不要求水质均匀性，因此，调节罐内可以不设置搅拌混合装置。

由于每个取样时间段调节罐都需要有 15min 左右的蓄水时间，如果按传统的底部进水、出水模式，进入调节罐的污水很容易在调节罐底部死水区域形成沉积，不仅影响测定结果，甚至还可能造成污水中颗粒物在调节罐底部逐渐堆积，影响整个装置的正常运行。另外，直接通过池底中间部位进水，还可能出现进水初期水压过大，直接喷射到池体顶部，污染池体甚至影响液位计和除臭装置的运行。因此，应加强调节罐进、出水口的设计，尽量通过水力学设计解决污水颗粒物沉积问题。研究表明，在进水口上部适当位置安装反射板，辅以必要的导流、整流措施，使进、出水阶段调节罐内的污水处于涡流、紊流或旋流状态，能有效解决调节罐的颗粒物沉积和黏附问题，具体设计样图见图 2-10。

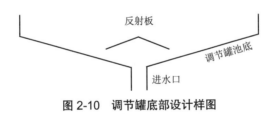

图 2-10　调节罐底部设计样图

4.4　溢流预警设计

溢流预警系统应包括预警和警报两项功能，其中，溢流预警功能主要用于提前预测和感知可能出现的溢流风险，并在条件允许的情况下提前采取溢流应对措施；溢流警报功能主要用于感知和识别已经发生的溢流情况，并向控制系统和操作平台发出终止后续提升和取样工作，测定周期作废的指令。

污水收集计量装置的计量池和调节罐都应设置溢流警报功能，有条件时应考虑设置预警功能，以提前感知溢流风险并提前采取应对措施，提高测定周期的有效性，节省测定运维成本。

　　通过在溢流管上设置拨片水流传感器、池体内设置浮球开关，或在适当位置设置液位计等方式，都可以实现溢流警报的功能。其中，拨片水流传感器较为简单，但是现有产品通常对流速和水深有比较高的要求，用于本装置时需要做适当的改进，以解决溢流初始阶段水量小、流速低导致的识别精度差，测定结果相对滞后的问题，但是这种方法还无法实现溢流风险的提前感知和预警，因此一般不推荐使用。通过池体内安装浮球开关进行预报预警是一种相对简单且准确性较高的警报方法，可用于调节罐的溢流预警；对于计量池的预警系统，考虑到复杂的池体结构和机械设备，加之本身已经安装液位计，可直接使用已有液位计进行溢流报警。

　　与溢流发生后的警报功能相比，溢流预警则是一种基于液位高度、液位增长速率等因素的提前感知与溢流风险研判技术，其最大的技术特征在于通过一定的规律性分析，及时发现溢流风险，有条件时可采取一定的应急措施避免出现溢流情况。调节罐使用溢流预警系统的主要目的是根据液位高度、进水时间等要素，对计量池计量、混合、取样、排水时间段内调节罐是否会出现溢流问题提前做出研判，并据此提前对混合时间做出调整，避免调节罐溢流导致整个测定周期的失效作废。调节罐的溢流预警相对比较简单，在调节罐设定有效时间的 1/2 和 2/3 时间点分别设定允许最大液位差的 1/2 和 2/3 作为限制条件，并根据调节罐液位增长速率情况，对最大允许进水时间做出研判，如某取样时间段调节罐进水 5min 后液位就达到允许最大液位的 1/2，则可以比较简单地判定为本取样时间段调节罐的最大允许进水时间为 10min。当然，随时跟踪调节罐液位增长速率，并对最大允许进水时间做出动态调整，能进一步增加溢流预警的精准度。当调节罐液位达到最大允许液位差 2/3 而进水时间还未达到调节罐设定进水时间 2/3 时，应考虑缩短计量、混合、取样的时间，或在混合、取样阶段提前开启排水工序，避免按预定时间程序导致出现调节罐溢流风险。据此可根据液位和进水时间的关系，对调节罐的溢流风险做出提前研判，并调整计量池计量、混合、取样、排水的时间配置，避免调节罐溢流导致测定周期失效。

计量池容积设计计算部分已经要求预留不小于设计控制液位的 10% 作为超高高度，以应对进水阀关闭过程中污水排入可能引发的溢流问题，但考虑到人均用水量高峰，如早晨起床洗漱、夜间洗澡等时间段可能出现瞬时排水量过大导致计量池溢流风险，或虽然计量过程中不会产生溢流，但由于液位已经接近溢流口高度，搅拌混合过程中也可能出现短时溢流并报警，一定程度上影响水样的代表性，有条件时也应考虑计量池的溢流预警设计。研究结果表明，适当调低用水高峰时间段的控制液位或在原最大允许液位之下设置报警液位，都可以实现计量池用水高峰时间段溢流风险防控的目的。

4.5　取样系统设计

考虑到居民生活污水污染物产生量和排放浓度处于高度波动状态，需要经常性取样测试，人力物力消耗比较大，水质检测成本相对较高，因此有很多专家提出是否可以将人工分析化验改为在线监测。为此，我们也开展了广泛深入的市场调研，结果表明，虽然国内外已经有相对成熟的 COD、NH_3-N、TN、TP 等水质指标的在线分析仪器产品，但目前国际上还没有得到行业认可的 BOD_5 在线分析仪器，而 BOD_5 是目前行业最为关注的指标，是本测定方法必须使用的指标，这也意味着现有的在线分析仪器尚无法支持该测定方法的全指标在线分析需求，尤其无法支持行业最关注指标的在线检测工作。如果采用在线分析仪器与人工检测相结合的方式，不仅需要增加在线分析仪器的配置，同时需要考虑安装自动采样系统，还要定期进行取样检测，这必将提高测定方法的复杂性；另外，市场上现行测量误差相对较小的在线分析仪器都存在价格昂贵、运行维护成本高的问题，成套配置的 COD、NH_3-N、TN、TP 等水质指标的高精度在线测定仪表的价格或将远远超过当前测定装置本身的成本和检测费用，并最终增加整个设备的投资和运行成本，影响测定方法的推广应用。也就是说，使用在线仪器仪表进行测试虽然可能节约了人员成本，但会导致设备购置和运维费用分摊到每个测定指标的经费额度明显增加，所以说这并不一定是最经济有效的解决措施。因此，原则上推荐自动采样器取样与人工检测耦合的模式作为本测定方法首选的水质分析化验方法。

根据国家环境保护总局发布的《水质自动采样器技术要求及检测方法》HJ/T 372—2007，为确保在自动采样器内存储 24h 的水样仍为有效样，确保测定结果的代表性和有效性，原则上应选用带有恒温单元的自动采样器；为确保每个测定周期 20 多个水样独立收集，需选择带有 24 个独立采样瓶的自动采样器；为确保每个水样 5 项指标测定的用水量需求，每个采样瓶的容积应不小于 1L。所选择的自动采样器需要具备根据污水收集计量装置程序控制系统的指令要求，按程序设置完成每次取样流程的功能，也就是需要具有外部指令控制的功能模块。

虽然所有污水都会通过污水提升装置内置的切割泵进行提升，但切割泵的核心作用只是对大颗粒物的切割破碎，仍然会有大量细小的颗粒物、缠绕物进入计量池内。而计量池取样前又需要进行高强度的搅拌混合，在这种情况下如果直接将自动采样器的进水管置于计量池内，不仅可能出现采样管和搅拌混合装置的缠绕问题，还可能出现采样器进水口的缠绕堵塞问题，因此装置设计加工期间应在计量池内预先设置自动采样器进水管的导槽，并做好导槽的防缠绕设计；考虑到某些特殊取样时间段，尤其是关键时间节点强制启动时间段可能存在水位相对较低的情况，为确保每次都能顺利取到样品，采样器进水管应设置于计量池中下部；为保障取样的代表性，避免进水导槽局部沉积影响等问题，建议使用孔径相对较大的穿孔管类导槽。

4.6 除臭与降噪设计

4.6.1 除臭系统设计

污水收集计量装置工作期间，计量池和调节罐一直处于充满和排空的交替运行状态，如果没有预留空气压力释放或进气通道，计量池和调节罐进水阶段就会出现顶部空气压力增大，并通过溢流口、取样口或其他密封性较差的孔隙排出的问题，一定程度上影响周边环境。如果溢流管道出现存水情况，进水阶段空气就可能无法正常排出或排水阶段外界空气无法正常进入，也会影响系统的稳定运行。因此，计量池和调节罐均应设置空气连通口，以解决进水阶段空气排出和排水阶段空气进入的问题。由于本测定方法的收集和检测对象是居民生活污水，存在比较严重的恶臭污染和致病微生物风险，进水阶段计量池和调节罐顶部空气的排出可能会对周边环境造成不利影响，进而引发周边居民的不满，影响测定工作的顺利实施，需要在空气连通口上配套设置具有除臭和微生物去除功能的系统，并定期关注其运行效能衰减情况，加强除臭系统的运维保障。

另外，鉴于本测定方法需要在居民小区内实施，而各测定装置更是直接布设于居民楼宇周边，如果收集计量装置排水口接入检查井的位置设置不合理或密封性不好，也可能在检查井周边出现恶臭问题。因此，一般建议将装置排水管出口深入检查井下部，最好可以深入管道内部，尽量降低甚至避免出现排水跌落或冲击的噪声，同时应加强检查井的密封性处理，减少恶臭气体的逸出。

4.6.2　降噪系统设计

与污水提升装置类似，污水收集计量装置同样存在比较大的噪声污染问题，尤其是如果混合搅拌电机选型、转速控制和水力学流态设计不合理时，都可能会成为计量池混合搅拌阶段噪声的主要来源，应作为噪声控制的首要关注内容，通过合理的设备选型和工程设计手段实现降噪目标。

第二个主要噪声来源主要发生在排水阶段，噪声类型主要包括瞬时排水压力形变导致的震动噪声或即将完成排水时的空气吸入噪声。压力形变噪声问题，一般建议所有池体设计为圆柱形或圆锥形结构，快速排水阶段的空气吸入噪声通常难以避免，只能通过排水口的水力学设计适当减弱，因此建议尽量采用沿池底切线方向或水平方向的排水方式。

第三个主要噪声来源与自动采样器有关，自动采样器的排空清洗程序会有大量气泡进入污水内，再加上采样器蠕动泵运行过程中也会产生一定的噪声，这些噪声还可能与搅拌电机的噪声叠加，产生更加严重的噪声扰民问题，因此应尽量选用噪声相对较小的自动采样器。

虽然通过上述噪声控制措施，可以尽量减少装置运行过程中的噪声问题，但是晚间夜深人静时，这些噪声还是会对楼层相对较低、距离相对较近、睡眠质量较差的居民产生比较大的影响。因此，从确保测定工作顺利实施的角度考虑，还应对整个测定装置做进一步的降噪和噪声控制处理，一般建议将整个装置安装于消声降噪效果相对较好的隔声板房内。

5 居民出入计数系统

常州测定结果表明，被测定楼宇排污人口或排污当量人口的精准计数统计是测定结果准确性的最大影响因素，尤其是拟对某居民楼宇进行相对较长时间的测定工作，又不希望经常进行某时间点楼宇内居民的实际人数普查时，排污人口或排污当量人口数据的准确性就显得更加重要，否则很容易出现被统计核算的楼宇内居民人数持续增加或持续减少的情况。因此，首先应确保测定期间对被测定楼宇每个居民出入口的人员进出情况进行 24h 的连续跟踪。另外，要考虑现代非独栋楼宇可能存在的出入口、中间连廊，甚至高层楼层间互联互通的情况，确保人员计数结果的准确性。

5.1 居民出入计数方法选择

居民出入计数系统是进行居民进出情况识别和记录的核心功能单元，是实现排污当量人口准确计算的前提和基础。前期硕士学位论文的研究结论以及常州现场初步研究结果已经表明，居民生活污水污染物排放浓度及污水污染物产生量具有较明显的季节变化特征，这也意味着需要相对较长的测定周期才能获得切实可用的数据结论。另外，准确了解和掌握楼宇内每个时间点实际停留的人员数量则是排污人口或排污当量人口核算的基础，但是任何团队或个人都很难定期对楼宇内居民的实际停留情况开展全方位、无疏漏的调查，也难以确保调查期间各楼层居民人数，以及调查过程中离开或进入楼宇的人数与实际统计结果一致。因此，长期稳定运行的居民出入计数系统对测定方法的有效实施，对及时掌握每个时间点停留在楼宇内的居民人数具有至关重要的作用，居民出入计数系统的准确性直接影响整个测定过程及测定结果的准确性。

虽然有些计数方法在用于楼宇内人员进出情况统计时存在一定的实施难度，但考虑到摄像识别、打卡计数、专人记录等方式在一定条件下还是可以实现居民出入情况的随时跟踪记录，为确保标准测定方法的普适性，在《城镇居民生活污水污染物产生量测定》T/CUWA 10101—2021 标准的第 5.4.2 条提出"居民出入计数可选用摄像识别、每次只能进出一人的打卡系统，或安排专人记录楼宇内居民进出时间中的一种方式"。但是对于需要进行长期不间断记录统计的居民楼宇而言，"一人一卡"打卡系统和专人记录的方式在实际操作层面还是存在相当大的难度。在摄像识别方面，虽然近年来摄像头识别技术已经得到快速发展，人脸识别、天网等系统的精度大幅度提升，但摄像识别一般对应用场景、摄像角度、光线强度、驻足时间等外部条件有较高的要求，随机场景下仍然普遍存在识别错误或漏识别的情况。

当然，居民出入计数方法选择还需要考虑的一个最重要因素就是不能对居民生产生活造成太大的影响，只有这样才能得到楼宇内居民对测定工作的支持，才能保障测定工作顺利实施。

5.1.1　楼宇门禁与居民出入打卡

居民楼宇门禁系统已经成为现代化楼宇的基本配置，成为小区外来人员管理的重要手段。但是传统的居民楼宇门禁系统多数还不具备"一人一卡"监控计数每个人进出状况的功能，或者说居民楼宇一般很少选用"一人一卡"监控功能的门禁系统，普遍存在一人刷卡可多人同时进入、无须刷卡即可离开、楼宇内开门外部人员即可进入等情况，因此现有的门禁系统几乎无法实现居民进出情况跟踪统计的功能。

传统意义上的"一人一卡"出入监控系统如图 2-11 所示。这种系统多用于办公楼宇、火车站、飞机场等场所，采取刷专属卡或身份证件等形式进出，可按技术要求进行设计与改造，从真正意义上实现人员进出情况的精准统计。

（a）　　　　　　　　　　　　　　　　　　　（b）

图 2-11 "一人一卡"出入监控系统

（a）形式 1；（b）形式 2

但是，这种系统在居民楼宇内几乎没有推广利用的条件，尤其是无法适用于普通的高层居民楼宇家庭。首先，不仅家具、家电、家装材料等大件物品很难通过这种门卡或门禁系统，并且居民家庭常用的婴儿车、老年人轮椅、购物小车，甚至儿童的自行车也比较难以通过，在居民楼宇内安装这种门禁系统会严重影响居民的日常生活；其次，这种系统刷卡识别所需的时间会明显高于传统的门禁系统，而且出入人员需要一个一个地刷卡通过，导致早晚上下班高峰期进出楼宇时出现严重的拥堵问题，直接影响居民生活的幸福感；再次，即使有使用条件，在居民楼宇，甚至办公楼宇内多数也只是做到进门刷卡，出门并不需要刷卡，进出人数和时间统计存在一定的难度。再考虑到这种设备的建设空间要求和运维成本等现实因素，以及当今社会物流、快递人员无法刷卡上楼等实际问题，也就意味着即使只是用于测定工作，这种门禁系统一般也无法临时安装和使用。

5.1.2 人工计数

人工计数方法是指在被测定楼宇的每个出入口，安排专人 24h 值班，采用手动记录或打点计数的方法，连续记录每个时间点进出的人数，或每个人进出的具体时间。从理论上讲，这是一种最简单有效的人员计数方法，可以解决楼宇门禁和摄像识别计数方法可能遇到的所有难题，确保精准记录每个人的进出时间。尤其是如果可以使用与计算机系统直接关联的打点计数设备，在有居民进出楼宇时，手动按压计数设备上的"进"或"出"键，就可以在计算机系统中自动形成居民进出的完整记录，更好地完成楼宇内居民进出情况的统计工作。应该说这种手动记录的人工计数方法是精准度保障率最高的方法，在人员分工合理、记录人员认真负责的情况下，可以确保统计记录的进出人员数量和时间与实际情况高度吻合。

但是，人工计数方法要求工作人员有非常强的工作责任心，一般比较适用于临时性工作，不宜较长时间连续实施。当连续数日至数十日开展 24h 跟踪核算时，工作人员就很容易出现工作懈怠心理，出现记录不全或工作马虎的情况。另外，这种看似简单、看似低成本的人员计数方法，实际上需要相对较多的人力物力，是一种高成本的操作模式，这一点在标准编制说明部分已经做了简单核算。例如，对于一个有 3 个出入口的居民楼宇，就需要设置 3 个人工计数岗位，为确保记录所有人员的进出情况，需要每个班次每个岗位安排 1 人，同时还应考虑设置 1 个临时机动人员，也就意味着每个班次至少 4 个人，按每个人每天工作 8h 计算，也就是一个测定现场至少需要安排 12 人的值班团队，如果按照连续测定一年，每人每月 2000 元基本工资核算，仅人员监控部分就需要接近 30 万元，再加上数据录入、分析、校核等费用，将在测定方法实施费用中占到非常高的比例。当然理论上也可以考虑不记录非测定周期内的居民进出情况，而是在每个周期或多个连续测定周期前多次安排人员进行楼宇内实际停留人数初始值调查，这样就可以按日或按测定周期聘请计数人员，部分降低人工计数的人员成本，但是这种方法会对楼宇内居民生活造成比较大的影响，而且每次开展初始值调查的费用可能也并不低。因此，人工计数在操作层面存在比较大的实施难度和不确定性。

5.1.3　摄像识别计数

人脸识别技术是视觉识别方面相对成熟的技术，在可控的环境条件下，一对一的静态识别准确率明显高于人眼的识别准确率，已经成功应用于高铁站、机场、门禁等系统，还可用于车辆和商品的识别。目前一些内置智能摄像头的冰箱，已经可以自动识别各类蔬菜、水果、饮料等物体，提示保鲜时间，监控储存数量，因此普通公众会认为商品识别技术很成熟。但专业人士却提出商品识别真正落地还有很大难度，首先需要在识别系统中预先植入与商品类型类似的参照物，而商品识别种类繁多，不同商品的外形差异大，部分柔性商品又只能通过特征点位进行识别，因此，在现有的技术水平下，商品的精准识别仍存在很大难度。另外，参照物识别还需要保障关键识别特征点位的成像时间，例如机场、车站或门禁识别系统，一般要求被识别的个体在摄像头前停留一小段时间；再者，摄像头识别精度经常受到光照、表情姿态和图像质量等因素和条件的影响，目前多数的人脸识别算法主要针对正面或接近正面的人脸图像，而对于俯仰、侧面的人像识别还存在较大的难度。另外，不同的采集设备获取的人脸图像质量也不一样，怎么有效识别低分辨率、行进中模糊不清的人脸图像，一直是摄像头行业需要解决的难题。

在动态识别方面，目前的摄像识别技术也取得长足进展，尤其是在军用领域和社会安全治理领域，已经大量应用动态场景摄像识别技术。但是，人脸识别可能涉及信息泄露风险和隐私安全保护，随着个人信息保护力度的持续加大，传统的民用或科技领域并不适合开展人脸或人像识别工作。在民用领域，车辆识别技术已经可以对道路上车辆的车型进行系统识别，还可以通过图像及车牌的识别，获取车辆型号及颜色等特征信号。但是与静态识别相比，动态识别更多的还是对特征个体或指定类型物品的识别，是有参照系的识别过程，如车辆牌照识别，是以汽车牌照号码信息为基础的识别工作。众所周知，停车场、高速公路的车辆牌照识别不仅需要一定的识别时间，还需要相对准确的识别区域，快速的动态识别仍存在一定的技术难度。

持续实施的居民生活污水污染物产生量测定对被测定楼宇内实际停留人员数量的准确性有较高要求，因此对摄像头的识别准确率提出相对较高的要求，准确率的核定是非常重要的基础性工作。测定方法要求的居民出入计数，是一种在相对模糊参照系情况下，对各种移动物体的动态识别，方法本身并不要求进行人脸识别，也无须对被识别人群与楼宇的关系进行判定，而只需要进行"人"进出情况的识别和计数即可满足测定要求，理论上应该不存在太大的技术难度，但考虑到室内、地下室等识别环境条件，以及 24h 不间断识别必须面对的太阳光直射、夜间光线不足、多人同时进出重影等问题，以及识别时还可能遇到的背影、侧身、低头、弯腰等不同行为状态，以及购物小车、电动自行车、婴儿车、大型犬等物体的干扰，因此楼宇居民人员进出情况的识别在精度上很难有所突破，精准识别任何时间点进出楼宇的居民数量，在实施层面仍存在相对较大的难度，这对摄像头的选择、环境条件及参照系等提出更高的要求。

5.2　摄像监控计数方法构建

5.2.1　摄像头类型选择

摄像识别功能主要是通过内置数据算法对摄像头采集的图像或视频资料进行处理，进而获取与识别物或参照物有关的信息，最终识别出与参照物相同或高度相似的人或物。因此原则上只要能实现人体或人形识别功能的摄像头，都可以满足居民进出方向判断和人数统计的功能。但考虑到应用场景和识别目的，不同类型的摄像头在识别精度和准确度等方面还是会有明显的差别。

按照本测定方法要求，居民出入计数系统用摄像头，需要满足以下功能要求：

（1）可在进出楼宇的众多"人""物"和"阴影"中精准地识别出"人"，也就是需要具有区别"人""物"和"阴影"的功能，尤其是需要精准识别出大型犬等"动物"，识别出婴儿车、购物小车、电动自行车等，识别出"人"和夜晚灯光下的"阴影"。

（2）可以准确判断"人"的移动方向，即具备居民"进""出"方向的判别功能。

（3）可准确无误地识别出每个进出的居民，尤其是多人同时进出时间段的每个人，并记录每个居民"进""出"的具体时间，或每个时间点进出楼宇的居民人数。

这些功能要求与用于商场、图书馆、旅游风景区等公共场所的客流统计摄像头要求基本相似，都需要识别"人"，判别人的进出方向，统计进出人数。目前市场上用于客流统计的摄像技术主要包括人脸识别、热成像识别以及双目识别客流统计等。

人脸识别摄像技术主要基于人脸的结构特征，以及人或事物的局部特征信息，通过所采集的人或事物的局部特征图像或视频，与特征数据库中的信息比对，进行身份或物品识别与验证的摄像识别技术，目前已经广泛应用于高铁站、机场、宾馆等行业和相关领域，天眼、机动车抓拍、行人闯红灯抓拍等也是在特征识别技术基础上发展而来的。但是，前面也已经提及，人脸识别技术一般要求被识别的人在摄像头前停留一定时间，以完成所采集图像或视频与参照系或数据库数据的对比校核；机动车抓拍及行人闯红灯抓拍也是以静态图片中的局部特征为基准，而这种识别技术对被识别图片的清晰度提出相对较高的要求，并不是所有的生活场景都可以完成人脸识别。对于居民楼宇而言，逗留拍照的静态识别模式将直接影响居民的生产生活，几乎很难得到居民的理解和长期支持；正常进出情况下的动态识别很难达到识别准确度要求，因此人脸识别摄像头几乎无法用于楼宇居民进出情况的精准测定。

热成像识别技术利用人体头部与身体其他部位的极微小温差，通过红外探测器对非接触探测的红外热能进行量化，将身体的局部热信息转化为视频热图像的技术。由于热成像识别技术本身不依赖自然光线，对工作场景的要求也不高，即使在夜间或者人员流动密集的场合下，依然可以实现目标物的精准识别，还可以避免电动自行车、婴儿车等对识别精度的影响。但是，由于动物也会散发红外线，电动自行车也会有热量散发等问题，传统的人体红外探测器一般很难完成人、电动自行车或大型犬等宠物的精准识别。另外，在人员流动密集的场景下，热成像识别技术也难以保障识别精准度。

双目识别客流统计技术主要利用一个摄像机内的两个摄像头，对所采集的视频图片进行视差计算，并依据已经植入识别系统中的人体轮廓结构，进行"人体"的 3D 图像识别，完成"人"与"物"的区分。另外，通过在人行通道划定识别区域和"进入"方向识别线，可通过"人体"在通过识别线时的移动方向，进行"进""出"方向的判断。目前，双目识别客流统计技术已成功应用于多种场所和区域的客流统计，特定场所的识别准确率可保持在 95% 以上。

城镇居民生活污水污染物产生量测定工作的顺利开展需要被测定楼宇居民的全力支持和密切配合，因此，测定过程中应尽量不对居民的日常生活产生较大影响甚至是困扰。人脸识别摄像头虽然有较好的非接触性和隐秘性，但是由于其身份识别功能，不免会有侵犯居民隐私的嫌疑，更容易导致居民的反感和抵触。另外，测定工作本身并不需要获取居民的身份信息，不需要对进入楼宇的人进行身份识别，加之满足进出两个方向的计数要求需要在识别通道安装至少两个摄像机，这又给数据的获取和上传，以及设备的运行维护增加工作量和难度；热成像摄像头用于本测定工作的优势在于识别精度不受环境灯光条件的影响，但由于很多居民有饲养猫、狗等宠物的习惯，饲养大型犬的情况也较多见，宠物的进出也可能被热成像摄像系统识别，会导致居民出入的计数结果产生较大的误差；而双目识别客流统计摄像头可通过识别区域的划定和进出方向设置，实现进出居民的精准识别。基于以上分析，双目识别客流统计摄像头更适用于本测定工作中居民的出入识别和计数。

5.2.2 人员计数方法设计

实际上，市场上销售的大多数双目摄像头本身自带人数统计功能，图 2-12 显示的是摄像头自动统计的 2019 年 10 月 16 日 0 点至 17 日 0 点的进入、离开人数。从图 2-12 中数据不难发现，摄像头自带的统计程序是以 1h 为单位进行人口数据计算的，且一般无法通过参数调整来改变其人数统计的时间间隔。而居民生活污水污染物产生量的测定周期，是根据居民实际生活排水规律进行取样时间段的划分，取样时间段的起止时间通常并不是整点时间，显然摄像头统计的时间段与测试的取样时间段很难一一对应。此外，由于双目摄像头本身不会记录每个人进出的具体时间点，因此也就无法根据居民的实际停留时间计算当量人口。

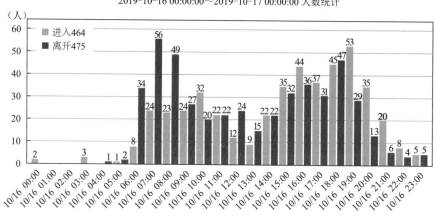

图 2-12　双目摄像头自带程序完成的进出人数统计图

研究团队通过耦合本地服务器进行数据记录和存储，设计了居民出入精准计数程序，有效解决了实时获取居民进出时间点，并依此准确核算排污当量人口的问题。具体的设计思路是，当双目摄像头识别到出入口有人员进出时，随即将获取的人员"进入""离开"信息实时发送给本地服务器，本地服务器将接收到的人员进出数据与接收信息的时间数据进行耦合，最终得到如表 2-6 所示的数据信息。经过测试比对，摄像头从识别到人员进出到本地服务器接收到数据信息，时间差一般仅为 1s ～ 2s，相对于长则一个多小时，短则二三十分钟的取样时间段来说，并不会对各取样时间段排污当量人口的计算造成较大的影响。

表2-6　人员进出数据记录表

序号	时间	进入人数（人）	离开人数（人）
1	2020-05-29 00:08:03	0	1
2	2020-05-29 00:54:24	1	0
3	2020-05-29 01:44:40	3	0
4	2020-05-29 01:53:50	1	0
5	2020-05-29 03:19:14	0	1
6	2020-05-29 05:00:15	1	0
7	2020-05-29 05:00:43	0	1
8	2020-05-29 05:00:45	0	1
9	2020-05-29 05:00:47	1	0
10	2020-05-29 05:07:03	0	1
11	2020-05-29 05:11:50	0	1
12	2020-05-29 05:11:50	1	0
13	2020-05-29 05:12:18	0	1
14	2020-05-29 05:14:55	0	1
15	2020-05-29 05:14:55	1	0
16	2020-05-29 05:25:52	1	0
17	2020-05-29 05:34:29	0	1
18	2020-05-29 05:35:28	1	0
19	2020-05-29 05:36:12	0	1
20	2020-05-29 05:37:05	0	1
21	2020-05-29 05:44:41	2	0
22	2020-05-29 05:45:17	0	1
23	2020-05-29 05:47:24	1	0
24	2020-05-29 05:47:42	0	1
25	2020-05-29 05:51:40	0	1
26	2020-05-29 05:52:50	0	1
27	2020-05-29 05:54:17	0	1
28	2020-05-29 05:54:47	1	0
29	2020-05-29 05:56:39	1	0
30	2020-05-29 05:58:47	0	1

5.2.3　摄像头安装条件确认

在识别通道范围内，选择合适的监控区域，将双目摄像头安装于区域正上方，使摄像头的监控范围能覆盖全部目标区域，以达到聚焦识别目标、使用尽量少的摄像头实现人员识别和计数的目的。通常情况下，摄像头的识别精准度与其安装高度、摄像头角度、夜间灯光状况以及周围环境条件等因素密切相关，这对监控区域的选择提出较高的要求。居民出入计数摄像头的安装区域应满足以下条件：

（1）摄像头应安装在高度2.8m～4m的位置，人行通道具有一定长度的直行路段，周边区域没有影响摄像识别的夹角等特殊结构；所选定区域应具备摄像头安装的相关条件要求。

（2）摄像头的拍摄角度应尽量正对居民进出方向，以尽量多地获取居民的正面照片或背影照片；摄像头和识别线的连接线宜与地面呈30°～60°夹角。

（3）附近有可利用的电源，功率等条件满足摄像头和照明供电要求。

（4）所有人员通道的夜间照明条件需满足测定要求，测定期间主要通道的照明设施尽量改为夜间常亮模式，或改为双向远端声控开关模式；主要通道和地下停车场通道应具备加装专业补光灯的条件，切实提升摄像头的识别准确率。

（5）可接入有线或光纤网络，无线信号强度可支撑数据传输需要，为远程监控和数据传输提供保障。

（6）图像识别区域相对整洁，不存在或较少有电动自行车、自行车存放，也没有其他杂物堆放情况，死角区域相对较少或可对部分区域进行临时隔离，降低其他物体对摄像头识别精准度的影响。

需要注意的是，由于某些楼宇出入口安装的是声控照明灯或者灯光的光线相对较暗，或者照明灯的安装角度、高度难以满足摄像头夜间识别的要求，这种情况在白天时间段一般不会影响摄像头的识别准确率，但在夜晚时间段灯光闪烁或者光线不足的情况下，很容易引起摄像头识别错误，进而导致总体识别准确率下降。当遇到上述情况时，应在征得业主和物业同意的前提下，根据场地条件增设补光灯或替换原有的出入口照明灯，确保灯光效果满足摄像头的识别要求。

另外，考虑到利用一个双目摄像头进行"进""出"两个方向的识别，涉及面部识别和背部识别两种场景，这对摄像头识别精度提出较大的挑战，一般的摄像头难以同时兼顾面部识别和背部识别两种场景，很容易造成某一个方向识别错误率增大的问题。因此，在人员流动密集且夜间光线不理想的出入口，建议"进""出"双向分别设置摄像头，全部以面部识别为基本功能，以提高摄像头的识别准确率，确保相对较长时间楼宇内实际停留人数不失真。

5.2.4　参照系划定与进出状态识别

居民生活污水污染物产生量的计量单位是人均每日产生量，因此被测定楼宇内人数的精准识别计数和排污当量人口的精准核算对测定结果的准确程度具有至关重要的影响。与办公场所不同，居民日常生活场所经常会遇到电动自行车、婴儿车或购物小车进出的情况，也会有搬运家具、行李等较大物品的时候，因此必须确保人员计数用的摄像头不会将这些物品错误地识别为"人"。

摄像头对于"人"的精准识别是基于人类体态、肢体等形态的识别和分析，而要实现摄像头对"人"的识别，首先需要在摄像头识别系统中绘制出大致的"人形"结构，作为"人"与"物"识别的参照系或参照物。所绘制的"人形"结构需要兼顾摄像头安装角度、识别区域的居民活动特征，兼顾可能进出楼宇的其他物品，如婴儿车、购物小车、电动自行车等在摄像系统中的大致结构特征；要将摄像头的识别区域设定在居民正常进出的开阔空间，尽量避免居民进出或"人形"识别期间有弯腰取物、搬动电动自行车、来回往返等动作或行为。考虑到存在多人同时进出，尤其是一家人进出期间互相遮挡的情况，应通过摄像头安装高度和识别区域的调节，确保"人形"识别时，绝大多数被识别者可通过头部和肩部特征完成

"人形"识别。而使用双目摄像头，不仅可以实现"人形"的图像识别，还可以通过两个摄像头形成的视差进行"人形"的立体识别，确保不会将大型物体或夜间的人体影像错误识别为"人"。

要确保所有进出楼宇的人都可以被精准识别，最重要的一条是所划定的识别区域要能全方位、无死角地监控进出楼宇的所有人，识别到所有人的头部和肩膀部位，或识别出"人形"特征。因此在识别区域划定时，首先应结合摄像头的安装高度、角度以及白天光线和夜间灯光效果等因素，合理确定与居民主要进出方向垂直或相交的两条边界线的位置（图 2-13），确保进入区域内的人即使快速离开也能完成"人形"识别，避免漏识别现象并降低识别错误率。原则上可根据居民常规行进速度和摄像头所需的最长识别时间，计算识别区域行进方向的最小距离。应将居民进出时可能触及的楼道边界线作为识别区域两侧的边界线，按照识别区域的局部结构特征，墙体两侧的边界线可以是直线，也可以是折线或其他曲线形式。应根据摄像头的识别情况进行画线位置与画线高度的调整，画线高度可距离地面 1.5m ～ 1.8m，确保快速识别到居民的头部和肩部特征。

（a） （b）

图 2-13 "人形"识别线的划定

（a）示例 1；（b）示例 2

完成"人形"识别之后，第二步需要做的工作是居民行进方向的识别，也就是方向识别规则线的绘制。与"人形"识别相比，行进方向的识别要相对简单得多，一般只需要在识别区域覆盖的通道范围内绘制一条与行进方向相交的方向识别线（图 2-14 中白色粗虚线），同时绘制"进入"或"离开"的规则线。当有人员进入识别区域时，根据"人形"跨过方向识别线时的位移情况，采用简单的模型算法就可以确定被识别人是"进"还是"出"；后台数据库（本地服务器）在摄像头完成方向识别的 1s ～ 2s 即将接收到人员的"进""出"信息，并将接收信息的时间自动记录为每个人的具体进出时间。

（a）　　　　　　　　　　　　（b）

图 2-14　方向识别规则线的划定

（a）示例 1；（b）示例 2

　　考虑到许多高层楼宇都有地下车库、地下通道等网络信号相对较差的居民进出口，甚至一楼大厅经常存在信号相对较弱，无法保障摄像头获取的信息及时准确地发送至数据处理平台的问题，因此一般建议选用带有数据存储和自动断点续传功能的摄像头，在网络信号较差时存储相关信息，网络信号恢复后自动续传相关数据。鉴于视频数据传输速度和流量等问题，一般建议摄像头自带数据分析功能，自动识别每个时间点进出的人数或每个人进出的具体时间，并将数据信息传输至本地服务器或数据处理平台，而视频信息则存储于摄像头自带的存储空间以备校验使用。虽然说现有的摄像和网络传输技术已经较为发达，但仍建议尽量避免将大量视频信息传输至本地服务器或数据处理平台，当然这也是对居民个人信息保护的一个重要环节。

5.2.5　楼宇内居民初始值调查

　　居民出入计数系统只解决了测定过程中被测定楼宇内居民进出的识别

和计数问题，而根据测定方法，人员计数工作还需要准确获取每个取样时间段起始时的楼宇内居民人数初始值，也就是测定工作开始前某时间点被测定楼宇内实际停留的居民人数，才能计算得到各取样时间段的排污当量人口。安排工作人员或委托专业调查公司，进行某时间点被测定楼宇内实际停留在家、在楼宇内公共空间活动以及特定时间段进出楼宇出入口人数的精准统计核算，结合一定的人员数量校核，可完成具体时间点楼宇内住户、访客、物业工作人员、物流人员人数的实时统计，准确获取楼宇内居民人数初始值。为降低调查期间人员流动对核算结果的影响，一般建议选取居民进出相对较少的 10 点～ 11 点或 14 点～ 16 点的某时间段作为调查时间，实际工作中也可根据楼宇内居民的作息规律合理确定。

开展楼宇内居民人数调查前，应尽量根据被测定楼宇户数、楼层数量、出入口情况等工程条件，预估所需的调查人员数量，并根据出入口调查员、楼层入户调查员、调查记录员等的职责分工，统筹安排调查组人员。应按楼层数量和户数特征，合理安排入户调查团队，尽量在最短时间内完成调查工作，避免调查时间过长而影响统计数量的准确性。对于没有人员性质和年龄等统计分析需求的，可只由调查员携带人数计数器等完成调查和人数统计工作；对于有住户类型、年龄分布特征等统计分析需求的，可由调查员按填表形式进行停留人员数量、年龄等特征的统计记录。调查过程中，应在每个出入口设置一名以上的调查人员，实时记录调查期间居民进出的频次和时间。考虑到入户调查和楼宇出入口调查团队同步开展人员统计工作，存在统计期间离开楼宇时重复统计或漏统计的可能性，因此出入口调查人员应详细询问离开被测定楼宇的居民是否已经被统计，并详细记录期间进入人员的门牌号等信息，并通知相关楼层的调查员，避免重复记录。

入户调查正式开始前的 2 天内，通过在一楼大厅、电梯等比较明显的位置张贴通知，或者以短信、微信等手机通信形式告知业主入户调查的目的、调查时间和相关事项，获得被测定楼宇居民的认同和支持，确保居民在知晓调查工作的前提下开展相关工作，是必不可少的工作流程。一般建议由物业公司、居民委员会或业主委员会陪同开展调查工作，避免由于居民不认识调查人员而不配合调查的情况发生。有条件时可准备一些日常生活用品类的小礼品，在调查时发放给楼宇内的业主，也不失为一种提高工作效率、保障调查工作顺利开展的方法和措施。

5.2.6　识别准确率校核

识别准确率校核是摄像识别工作的重要环节，是居民出入计数准确性的重要保障，是进入正式测定工作之前必须现场完成的一项重要工作。中国城镇供水排水协会团体标准《城镇居民生活污水污染物产生量测定》T/CUWA 10101—2021"居民出入计数系统"部分给出较为科学的摄像头识别准确率校核方法，对准确率的核定工作提出相对较高的要求。当然这里提出的摄像头识别准确率校核方法更多的是摄像头生产检测行业对产品性能的测定要求，属于在产品性能检测基础上提出的更高层次的要求。摄像头产品性能检测多数只是针对已知物的测定，而居民出入计数更多的是对未知物的识别和计数，因此即使达到95%以上的识别准确率，如果不能做到误判事件的"进""出"平衡，识别错误中单纯地出现相对较多的"进"或"出"的误判事件，最终也会导致多个测定周期或相对较长的测定时间之后，楼宇内实际停留的居民人数与摄像计数系统核算出的居民人数结果形成重大偏差，对测定工作的持续性开展造成直接影响。

因此，从保障测定结果准确性和测定工作持续性两个方面考虑，除采用标准方法中提出的摄像头制造行业认可的准确率核算方法外，还可采用连续数日每天凌晨2点～5点某固定时间点楼宇内实际停留人数的校核方法。楼宇内居民上夜班、出差、旅游等外出行为都会影响楼宇内居民夜间的实际人数，导致每天凌晨2点～5点楼宇内实际停留的居民人数有一定差异，形成明显的波动性。但这种波动性一般相对较为规律，而且波动幅度一般不会太大，整体会趋于平衡状态，正常情况下不会出现楼宇内实际停留人数持续增加或减少的情况。这样就可以根据本地区和被测定楼宇内居民的实际生活习惯，选定人员数量相对稳定的夜间时间点，进行连续数日或数十日的楼宇内人数跟踪核算，绘制如图2-15所示的被测定楼宇凌晨某时间点的实际停留人数变化曲线。按照楼宇内居民正常的生产生活规律，被测定楼宇内每天凌晨某时间点的人数一定会有波动（图2-15系列1），但摄像头识别出的楼宇内居民连续多日某时间点的数量不应该存在过于明显地逐渐减少（图2-15系列2）或逐渐增加（图2-15系列3）的情况，否则表明摄像头的精度无法满足测定方法要求。例如出现系列2所示的曲线逐渐降低情况的，则可能意味着某摄像头存在错误地少识别"进"或多识别"出"的情况；而出现系列3所示的曲线逐渐提高情况的，则可能意味着某摄像头存在错误地多识别"进"或者少识别"出"的情况，可根据上述情况，结合居民进出情况录像记录，进行摄像识别错误问题的校准。

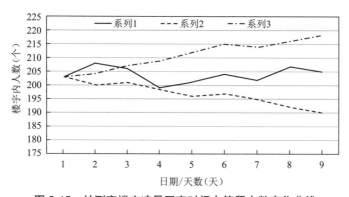

图2-15 被测定楼宇凌晨固定时间点停留人数变化曲线

需要注意的是，在早高峰和晚高峰居民进出较为频繁的时间段，身高较低的学龄前儿童，尤其是3周岁以下、身高不足80cm的儿童很容易被成年人遮挡，并不容易被完整精准地识别，即使是在非高峰时间段，也存在由家长抱着或躺在婴儿车中离开的情况，识别难度相对较大。另外，考虑到3周岁以下儿童的大小便等很多时候是以纸尿裤等固体垃圾的形式排出，对居民生活污水污染物排放总量的影响并不大，因此居民出入计数系统可不对身高不足80cm的儿童进行识别，只需要在楼宇内居民人数基准值调查时，一并统计在楼宇内居住的3周岁以下儿童总数，作为长期停留人数，按比例计入居民人数初始值即可。

6 程序控制系统

6.1 总体操作流程设计

　　程序控制系统是实现整个测定过程自动化运行的关键，也是确保测定工作顺利实施的基础。程序控制系统一般应具备污水提升装置和收集计量装置联动的功能，并可与居民出入计数系统交换各种数据。根据不同的功能设计方法，可由程序控制系统、居民出入计数系统或数据处理平台根据每个取样时间段的起止时间和居民出入计数系统的人员进出情况，进行每个取样时间段排污当量人口的精准核算和每个时间点楼宇内实际停留人员的精准核算，实现排水量与排污人口的准确对应。

　　无论是非测定期间可在底部排水的地上立管安装式污水提升装置，还是非测定期间需要在中上部排水的地下横管安装式污水提升装置，来自居民日常生活的大便、食物残渣等物质都会在池体底部或输水管道内形成沉积物、堆积物，或在各种设备仪表及其附属配件上形成缠绕物。在正常测定周期内，这些物质会在提升装置的混合搅拌作用下直接被提升到后续污水收集计量装置中，但是在非测定期间提升装置内的沉积或缠绕问题通常难以避免。因此每个测定周期启动前关闭提升装置底部的排水阀，使污水提升装置蓄水至溢流液位，利用居民排水进行沉积物和缠绕物的润湿和清洁净化，而后开启搅拌装置完成对非测定期间形成的沉积物和缠绕物的清理，之后开启提升装置的排水阀或提升泵完成排水，上述动作重复2次～3次，基本上就可以将非测定期间形成的沉积物和漂浮物清理干净。考虑到提升装置长时间不使用会有相对较多的沉积物和漂浮物，清洗水可能在计量装置内形成沉积等问题，影响第一个取样时间段的浓度水平，因此一般不宜将提升装置清洗水通过泵提升到后续的收集计量装置。上述工作完成后，还需同步开启提升装置的提升泵和收集计量装置的排水阀，完成对提升装置和收集计量装置之间输水管道的清洗工作，确保每个测定周期第一次进水与居民实际排水特征吻合。原则上建议上述清洗程序不少于5min。上部排水的提升装置一般建议按照旁路并联模式设计，每个测定周期开始前通过阀门调节将生活污水切换至提升装置，测定周期结束时通过阀门切换至正常排水模式，并通过提升泵将提升装置内的污水排出。这样非测定周期内居民生活污水并不需要经过提升装置排放，也就不会形成大量沉积物和缠绕物问题，因此可以省略每个测定周期开始前的提升装置清洗流程，只需注水至提升装置满水状态并适当停留润湿后，直接进入管道清洗程序。超过1个测定周期没有进行取样操作时，还需要考虑对管路和收集计量装置进行清洗作业，避免上一次作业沉积粘连在管道或池底的污染物影响后续周期的测定结果。

上述要素决定了需要通过程序控制系统设计，确保每个测定周期正式进入收集计量装置计时阶段前，先行启动污水提升装置和收集管道的清洗流程，完成清洗等准备作业，确保测定周期第一个取样时间段的污水样与实际排水的污染物浓度特征吻合后才能进入收集计量程序。另外，在整个测定周期结束时，对于地上立管安装式污水提升装置，应同步开启提升装置的排水阀，关闭提升泵，居民排水通过提升装置排放，或关闭进水阀同步开启排水阀，居民生活污水超越提升装置排放；对于地下横管安装式污水提升装置，关闭提升装置的进水阀，使居民生活污水不再进入提升装置内，待提升装置内的污水排净后关闭提升泵。具体操作程序和模式需根据现场条件确定和设置。

6.2 控制程序设计

污水提升装置完成清洗作业的同时，程序控制系统需快速识别排水阀和进水阀的开关状态，确保图2-16中1号控制点位的排水阀处于关闭状态，2号控制点位的进水阀处于开启状态，3号控制点位的计量池液位计和4号控制点位的调节罐液位计进入液位计量状态，5号控制点位的搅拌电机、6号控制点位的自动采样器均进入待机状态。控制系统需自动记录提升装置切换至进水状态的具体时间，作为第一个取样时间段的开始时间。当 3 号控制点位的计量池液位计读数达到控制液位时，关闭 2 号控制点位的进水阀；记录进水阀关闭到位的时间，作为第一个取样时间段的终止时间点和下一个取样时间段的开始时间点；进水阀关闭到位后 1min 左右或根据液位计的数据波动情况，判定计量池内的污水基本可以达到静止状态时，记录液位相对静止状态下的液位计读数，作为第一个取样时间段水量的计量依据。而后开启 5 号控制点位的搅拌电机，达到预定搅拌时间（可根据搅拌器设计条件、居民实际排水特征等具体情况确定，一般为 5min～10min）后，程序控制系统向 6 号控制点位的自动采样器发出采样指令，进入正常采样程序，采样程序结束后开启 1 号控制点位的排水阀。排水量达到计量池总水量 1/2 左右或最上方搅拌桨露出水面时，关闭 5 号控制点位的搅拌电机，计量池内污水在搅拌惯性作用下混合排放，基本上可以避免底部沉降问题。计量池内的污水完全排空后关闭 1 号控制点位的排水阀，排水阀关闭到位后开启 2 号控制点位的进水阀，使提升装置进水和调节罐的污水进入计量池内。而后重复上述操作程序，完成 24h 取样程序。每个程序指令发出的时间，可根据现场情况确定，或结合一些先进的自动化识别与控制系统设定。

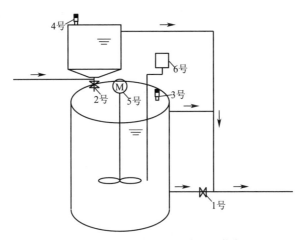

图 2-16　污水收集计量系统控制节点图

1 号—排水阀控制点位；2 号—进水阀控制点位；3 号—计量池液位计控制点位；
4 号—调节罐液位计控制点位；5 号—搅拌电机控制点位；6 号—自动采样器控制点位

6.3　运行控制模式

考虑到被测定楼宇每个时间点实际停留居民人数的高度波动性和居民人均排污规律的不稳定性，每个时间点从被测定楼宇污水管道排放出的污水量都会呈现高度的波动性。在这种情况下，24h测定周期全部采用相同时间跨度或恒定水量的控制方法通常无法顺利完成测定工作，例如早晨和晚上人均用水量相对较大且楼宇内居民人数相对较多的时间段，通常很短时间就会使计量池达到规定液位，因此早晚用水高峰时间段一般建议采用最高运行液位控制方式。夜晚时间段虽然被测定楼宇内大部分居民要返回家中休息，实际停留的人数相对较多，但夜间尤其是深夜入睡后的人均用水及排水量相对较少，排水以小便冲洗水为主，总体的排水量相对有限，很长时间也难以达到计量池的最高控制液位，因此夜晚时间段一般采取最大时间跨度的控制方法。用水高峰或用水低谷时间段的起止时间应根据被测定区域的居民生活习惯以及被测定楼宇的人员性质，尤其是绝大部分居民睡觉和起床的时间大致确定。

另外，被测定楼宇内居民人数以及个体排污规律会在某些特定时间点发生明显的跳跃性波动，例如早晨起床前后、中午或晚上就餐前后、不同季节晚间洗澡时间段前后的人均排水量和排水水质会发生比较明显的变化；早晨出门上班上学、晚上放学下班时间段的排水人口会发生比较明显的变化，这些变化都会直接影响测定样品的代表性和核算结果的准确性。为确保每个取样时间段内水样的均匀性、排污当量人口核算结果的有效性和测定结果的代表性，应根据被测定楼宇内居民的实际生活排污规律，在这些排水水质、水量和排污人口突变的时间点，合理设置污水收集计量装置的强制启动条件，尽量使每个取样时间段内的水质水量和排污当量人口相对均衡。

由于本测定方法严格把控每个测定周期的整体时长为24h，而计量池每次进行混合计量取样操作必须有足够的水深，才能确保搅拌混合效果和取样代表性，这是测定过程中必须重点关注的问题，尤其是在突变点强制取样和每个测定周期的最后一个取样时间段比较容易出现这种情况。在程序设计和实际测定阶段，尤其需要严格把控测定周期最后一个取样时间段的小水量、低水位风险，采取强制取样模式，避免出现水量太少无法完成混合取样并影响最终结果的问题。根据污水收集计量装置加工和运行经验，只要计量池实际液位达到或超过设计允许液位的50%，基本上就不会对混合取样造成明显的不利影响。考虑到排水量的相对均衡性，本测定方法一般建议9点～11点或14点～16点作为每个测定周期第一个取样时间段的起点，在程序设计时，可以将第一个取样时间段的时长作为最后一个取样时间段的时间控制要素，利用第一个取样时间段时长的1.5倍与测定周期时间余量（24h扣减已经完成取样时间段累计时长）的关系作为是否需要启动强制计量取样的预判标准。时间余量超过第一个取样时间段时长的1.5倍时，仍按正常的液位控制程序执行收集计量操作，基本可以确保最后一个取样时间段的时长不小于第一个取样时间段时长的0.5倍，对操作和测定结果的影响相对较小。时间余量在第一个取样时间段时长的1.1倍～1.5倍时，建议按时间余量的一半作为控制条件，进行强制取样，确保最后两个取样时间段都能满足搅拌混合的液位控制要求。时间余量小于第一个取样时间段时长的1.1倍时，基本上可以确保计量池实际液位不超过设计最高液位的120%，对测定结果的影响较小，可合并为一个取样时间段进行处理。

也就是说污水收集计量装置的运行控制模式主要包括液位控制法、时间跨度法和突变点控制法三种，实际工程中应根据城镇居民生活习惯和排水特征，在每个测定周期内综合应用。

液位控制法：是收集计量装置的核心运行控制模式，贯穿于整个测定周期，在时间跨度法、突变点控制法强制启动之外的所有时间段使用。

时间跨度法：主要用于排水总量相对较少，达到计量池控制液位难度较大的时间段，通常是居民夜间睡眠时段，有时也与突变点控制法联合使用。

突变点控制法：主要用于排水水质、水量或排污人口突变的时间点，尽量确保每个取样时间段的水样代表性和测算结果准确性；用于最后一个取样时间段，确保测定周期满足 24h 要求，确保 24h 测定周期楼宇内居民排放的所有污水全部被收集计量。

6.4 无效测定周期识别

考虑到被测定楼宇内实际居住人数、居民生活规律和用水习惯的不可控性，加上设备本身的灵敏程度问题，所有装置在测定过程中都可能出现无效周期的情况，程序控制系统应具备无效取样周期的自动识别功能，并通过报警或其他模式提醒相关人员，尤其是取样和化验人员。考虑到报警信息自动传送至操作人员手机的成本较高，而大多数取样或分析化验人员不一定会提前关注平台中的报警功能，为避免在数据填报时才发现测定周期无效的问题，减少无效取样测试造成的人力物力损失，建议在就地控制系统界面或其他明显的位置通过设置显著的标志进行无效周期的自动提醒，如控制面板上的红灯、自动采样器周边区域的警报灯或其他警报方式，确保取样人员取样前方便地判定是否为有效周期。结合测定方法要求与装置本身精密度问题，无效周期的具体识别要求应包括：

（1）任何控制或溢流识别点位出现污水溢流情况。人均排水量、污染物浓度和人均污染物排放量的测定都要求对被测定居民排放的所有污水进行全方位收集、计量和计算，因此凡是出现污水溢流的情况，不管溢流量多大，原则上都应界定为无效测定周期。从测定系统整体考虑，可能出现溢流问题的点位主要包括污水提升装置，以及污水收集计量装置的计量池和调节罐，测定周期内需确保上述装置的溢流监控设备和仪器仪表处于运行状态，只要任何一个仪表出现溢流报警情况，就应根据报警情况确定是否终止后续进水等作业。

（2）取样时间段数量与取样瓶样品数量不符。目前国内外满足本测定要求的自动采样器最多配置 24 个采样瓶，也就意味着在测定周期内中途不更换采样瓶的情况下，一次最多可取 24 个样。虽然自动采样器是根据控制系统的指令进行取样操作的，但从安全角度考虑，多数采样器已经设定了一次开启最多取 24 个样品的限制条件，超过 24 个样品之后自动采样器可能并不进行取样作业，因此当系统识别出取样时间段的数量超过 24 个时，应按无效周期处理。当出现收集计量装置容积与实际排水量不匹配问题，每个测定周期的取样时间段数量必须超过 24 个，且实际操作过程中可安排专人在测定中途更换采样瓶时，也需要确保取样时间段的实际数量不得超过每个测定周期内累计放置空采样瓶的数量，最好自动采样器支持一次性取样超过 24 瓶。凡是出现取样时间段数量超过放置空采样瓶数量的，控制程序应自动识别为测定周期作废。另外，需要对取样时间段数量和实际样品数量的对应性进行人工校核，二者数量不一致时，测定周期作废。

（3）不满足测定周期时长要求。根据测定方法的基本原理，每个测定周期的时长必须严格满足 24h 的要求，时长不能满足 24h 控制要求的测定周期都应视为无效周期。因此程序控制系统应具备自动识别测定周期时长，并判定是否为有效测定周期的基本功能。按倒计时模式设计的程序控制系统，基本上可以确保每个测定周期的时长不会超过 24h，但是由于种种运行原因，许多测定装置可能存在中途停止，测定周期时长不够的问题，程序控制系统应重点对测定周期的时长是否达到 24h 进行评估分析。

（4）居民出入计数系统故障。被测定楼宇内排污当量人口的准确计算是本方法所有计算工作的前提和基础，如果居民出入计数系统不能正常运行或排污当量人口核算错误，都会直接导致人均污水排放量、排放浓度和污染物排放量计算结果不准确。程序控制系统不仅需要具有对每个居民出入摄像头运行状况的自动识别功能，原则上还需要具备排污当量人口数据合理性的自动校核判定功能。任何一个摄像头出现无法存储或无法自动恢复续传的运行故障时，应在平台和就地系统同步提示为无效周期。摄像头传输线路故障无法完成数据上传，但摄像头自带的存储系统仍能正常工作时，应进一步确认摄像头数据是否可恢复并自动续传，如数据可完整上传，则仍认定为有效周期，继续开展水质检测等工作。

（5）其他设备仪表预警。原则上本测定方法的任何一台仪器设备出现预警信息，尤其是污水提升装置或收集计量装置的任何一个设备仪表不能正常工作，都可能会使居民排水进入安全模式（提升装置正常排放或溢流排放，收集计量装置不进水），测定周期无效。因此所有设备预警信息都需要在就地控制系统的控制界面和数据处理平台上显示，作为无效周期处理的依据，如测试人员根据报警信息和现场情况确定不会影响测定结果的，也可作为有效周期进行后续工作。

7 数据处理平台

从测定装置自动控制、运行数据自动测算、程序故障自动甄别等方面考虑，直接开发离线版本的数据处理软件，并将其安装在测定装置所使用的本地服务器上，也可以实现测定装置运行控制和海量数据快速核算的功能，还可以减少数据网络传输的成本，提升数据传输的安全性。这种方法的最大问题在于，分析化验和楼宇人口基准值等数据的上传，以及数据处理和结果核算等工作都需要在测定现场的本地服务器上操作，也就意味着绝大部分数据处理工作需要在现场完成，这不仅增加操作难度，也无法随时随地展示最新测定结果。这种方式还无法实现设备运行工况的远程监控，难以准确及时地发现设备运行故障并快速解决问题。基于互联网的数据处理平台，不仅有助于不同途径数据的协同操作和同步报送，实现设备运行状态的远程监控、运行故障的在线预警、测定数据的在线分析等功能，还可实现多个测定现场多台（套）设备的同步监控功能，实现不同测定现场数据结果的互相对比和统计效果。

根据功能设定需要，数据处理平台应至少包括设备绑定与解锁、设备运行状况识别与报警、运行数据处理、运行数据展示等功能单元模块，具备无效测定周期的甄别、提醒与反馈等功能。

7.1　设备绑定与装置识别

与传统的固定配置标准化产品不同，该产品需要适应不同测定楼宇的实际结构及安装条件，因此对各设备单元的灵活组装搭配提出较高的要求。另外，每个被测定居民楼宇的污水排放口数量和居民进出口数量都会有所不同，因此需要接入程序控制系统的污水提升装置、居民出入计数系统的摄像头数量并不是固定的，这些基本条件需要根据现场踏勘结果确定。测定装置在完成一个楼宇的测定工作后，还可重新调整后用于其他楼宇的测定。因此，不管是服务于一台（套）测定装置，还是可同时服务于多台（套）测定装置的数据处理平台，都需要在出厂前或在测定现场进行污水提升装置、污水收集计量装置、居民出入计数系统与数据处理平台之间的装置识别和绑定，这是一个不可缺少的工作流程，是设备调试和正式测定的基础。设备绑定与解锁是确保实现上述系统和装置有效关联的基本前提，也是测定装置可在其他点位重组后重新开展测定工作的重要保障。

7.1.1　设备绑定与识别程序

原则上，每个测定装置从出厂安装到具备测定条件，再到完成测定工作后移机并恢复现场环境条件，通常需要经历以下操作程序：被测定楼宇条件确定与测定账号确认、设备编码录入与设备绑定、取样测定与日常运维、设备解绑与账号锁定。完成一个楼宇测试工作，经适当调整修复并搬迁至下一个现场后仍需执行上述操作程序，方可继续开展下一个楼宇的测定工作。

相关工程技术人员在进行测定装置加工和程序设定前，需要对被测定居民楼宇的现场条件进行完整踏勘，尤其是关注需要监控的居民出入口数量和居民生活污水排放口数量，初步匡算被测定楼宇内实际居住居民人数。测定工作确认后，相关人员应根据被测定楼宇的实际情况，在数据处理平台上录入拟测定居民楼宇的层高、户数、出入口数量、排污口数量和排放形式等信息，被测定楼宇的数据录入可参考表 2-7。测定系统维护、平台管理、装置加工等人员根据被测定楼宇基础信息，确定是否满足测定条件，对于满足测定条件的，平台管理人员应在系统中建立测定账号，完成确认工作，测定装置加工单位根据楼宇基础信息完成装置设计加工。

表2-7　被测定居民楼宇基础信息表

所在省		所在市		所在县	
小区名称		小区地址		有无物业	有 / 无
楼宇编号		楼宇性质	纯住宅 / 商住混合 / 商业等	房屋性质	商品房 / 职工宿舍 / 职工集资建房等
楼层层数		每层户数		预计居住人口数	（直接根据前述四个指标乘积计算）
户均人数		入住率			
楼宇污水排口数		污水排口类型	污水立管裸露 / 地埋接入	居民出入口数	
雨水立管旱天是否排水	是 / 否	旱天排水雨水立管数量		供水抄表方式	远传抄表 / 上门抄表
申报部门		申报人		联系电话	
物业联系人		物业联系电话			

测定账号确认并完成装置加工后，紧接着需要完成的工作是测定装置与数据处理平台的绑定和模拟测试。为缩短测定现场调试时间，提升测试系统的可靠性，一般建议在整体装置出厂前完成设备匹配与调试。应通过出厂前的设备绑定与调试，确保数据处理平台自动识别每个已绑定的测定装置单元的信号，随时获取装置端的运行和测定数据，实现装置与数据的匹配，完成程序管理、数据获取和核算工作。为提升所研发装置的广泛适用性，标准化程序控制系统一般会考虑结合数据传输和质量控制等要求，按照最大允许接入的污水提升装置和需要监控的居民出入口数量进行设计，预留所有的信号接入口。因此在装置安装并进入调试和测定前，通常需要根据被测定楼宇实际控制的产品单元数量合理启动和匹配控制端口，对应输入污水提升装置、居民出入计数系统等相关单元设备的统一编码，

完成设备绑定与识别工作。原则上，测定装置现场安装后，仍需进行相关设备仪表的二次识别和调试。

测定工作完成，装置拆除并搬迁至其他待测定居民楼宇前，需要首先完成相关测定装置的解绑工作，并通过删除设备编码或其他方式，确保下一次使用上述装置产品进行测定时，整个平台中设备编码的唯一性。装置解绑过程中应注意测定账号内原有数据的存储。

7.1.2　设备绑定方式

目前可采用的设备绑定方法主要包括本地服务器一次性录入法和测定单元分别录入法。

本地服务器一次性录入法实际上是指在装置加工和程序控制系统开发阶段，直接根据待测定现场的实际需要，将污水提升装置、收集计量装置和居民出入计数摄像头等所有与测定工作相关的设备代码录入本地服务器或程序控制系统，并在出厂前完成设备的初步调试，相当于在装置出厂前完成所有附属设施的关联性设置，所有产品已经在程序控制系统的后台设计为一个整体结构。在装置安装到位后，直接将本地服务器或程序控制系统的设备代码输入数据处理平台，一次性完成装置的识别工作。这种方法的最大好处是整个测定工作可直接由本地服务器或程序控制系统通过自组网的方式运行，不需要通过数据处理平台收集和反馈相关数据，因此其测定工作不会受到网络信号等因素的影响。数据处理平台可参与程序控制，也可以只从数据处理平台获取相关的测试数据并完成最终结果的核算和展示工作。但是采用本地服务器一次性录入法研发的测定装置，在任何一个部件出现故障需要更换，或现场测定工作结束需更换至其他测定现场时，通常需要专业人员登录程序控制系统进行代码录入修改工作，在大规模推广应用方面存在一定的瑕疵。

测定单元分别录入法主要用于无法提前预判需要接入单元设备数量的产品研制过程，在这种情况下通常需要将污水提升装置和居民出入计数摄像头分别设计成独立的个体，赋值唯一的代码，并通过在数据处理平台或程序控制系统输入设备代码的形式完成设备绑定和安装调试工作。这种方法的最大好处在于某单元部件损坏需要更换，或测定地点变更需要重新进行设备绑定时，只需要通过数据处理平台直接录入新增设备或关闭无须再使用的设备产品即可，并不需要专业人士对程序控制系统进行改写和重新录入。但其最大缺点可能在于设备仪器的运行信号需要通过本地服务器或程序控制系统传输至数据处理平台，存在一定的滞后性并增大出错的概率，而且这种系统布局方式对网络的依赖性比较大，网络信号较差时可能影响测定结果。

7.2 数据获取与诊断

7.2.1 测定装置运行数据获取

根据本测定方法的基本计算原理，用于城镇居民污水排放量、污染物产生量和污水污染物浓度测算的基础数据主要包括每个测定周期不同取样时间段的起止时间、污水收集量和排污当量人口等。上述数据的获取模式主要包括直接从设备运行单元或程序控制系统获取原始数据并由数据处理平台完成结果测算，或经由中间服务器获取中间结果并由数据处理平台完成最终测算两种方式。

数据处理平台可直接读取或接收来自每个测定装置不同设备单元或程序控制系统的原始运行数据，在程序控制系统启动每个测定周期时自动形成一个测定周期列表，并随时获取每个取样时间段的起止时间、计量池内液位高度（表2-8）和居民出入计数系统人员"进""出"情况的详细记录，按相关核算方法进行数据的整理与核算工作，也就是说由数据处理平台直接获取测定装置的原始运行数据并完成相关测算工作。这种数据获取方法的最大优点在于只需要在数据处理平台上布局数据计算模型，绝大部分计算过程可直接由数据处理平台完成，后台管理人员可以很方便地根据测算结果及时发现计算问题并进行程序修改和完善，确保所有测算过程和结果的一致性和准确性。但是其最大的问题在于平台数据量相对较大，对平台及硬件设施的运算能力和存储空间要求相对较高，另外由于数据处理平台直接参与测定装置不同点位数据的读取，对公共通信网络以及测定装置存储能力和断点续传的要求相对较高，通信网络中断可能直接影响记录结果。

表2-8　污水收集计量装置运行状况记录表

取样时间段	样品编号	液位计读数（cm）	污水排放量（L）

当数据处理平台用于对多台（套）测定装置进行运维管理时，利用本地服务器直接完成每个测定周期有效性的判定及部分基础数据中间结果的测算，可大大降低数据处理平台的数据存储和处理量需求。这种设计模式对公共网络的质量要求也不高，无论是采用数据处理平台被动读取模式还是测定装置本地服务器主动传输模式，只要设置好数据一致性判定和断点续传功能，基本上可以确保测定结果在服务器之间的正常传输。在以本地服务器核算为主的设计模式下，本地服务器直接从测定装置的程序控制系统获取每个取样时间段的起止时间和计量池液位数据，从居民出入计数系统获取每个楼宇内居民的"进""出"时间数据，自动完成每个取样时间段收集的污水量和排污当量人口增量的核算工作。

对于已经完成标准化的测定装置而言，每个取样时间段污水量的核算工作相对较为简单，原则上只需要将已经标定好的液位－容积曲线嵌入程序控制系统或本地服务器，就可以很容易地根据液位计读数自动换算出所收集的污水量。但是排污当量人口增量和排污人口增量的核算不仅需要获取收集计量装置每个取样时间段的起止时间，还需要利用居民出入计数系统记录的居民"进""出"时间，详细计算每个时间点的"进""出"人数和每个"进""出"的人在楼宇内的停留时间，核算每个取样时间段的时间跨度，这是相对较为复杂的数据处理过程，一般需要开发专用的计算软件才能实现。因此利用本地服务器直接完成排污当量人口增量和排污人口增量计算时，需要单独开发一套排污当量人口计算软件，并直接安装或写入本地服务器。这种方法的最大问题在于软件的更新和居民出入计数系统出现问题时，多数需要在现场处理，远程登录更新软件或处理问题数据的难度相对较大。开发网络安装版，比较方便自动或手动更新，并可远程登录进行问题数据处理的排污当量人口计算软件，是该方法大范围推广的重要保障。

7.2.2　分析化验数据录入

每个测定周期结束，并经程序控制系统或数据处理平台确认为有效周期后，数据处理平台应自动生成标注有取样时间段和样品编号的生活污水水质分析化验数据报表，分析化验人员在完成水质分析工作后，只需通过系统进行数据录入，即可完成分析化验数据的报送工作。

考虑到有资质的化验室对数据审核校核工作有明确要求，分析化验人员通常也需要先将所有化验数据汇总到一张表上，经由相关工作人员签字确认后，连同化验过程数据表格一同报送相关责任人审核确认。为减少工作人员的数据输入工作量，降低输入过程的误操作风险，应考虑在数据处理平台中增加分析化验数据报表导出导入功能，分析化验室工作人员可在接收到水样后登录数据处理平台，下载 Excel 格式的数据报表，并以此表格作为负责人审核用表格，经审核确定后直接将填报的原始表格导入系统，即可完成数据报送工作。数据报表格式可参考表 2-9，或根据具体指标和测定要求确定。

表2-9　生活污水水质检测数据报表

取样时间段	样品编号	生活污水污染物浓度（mg/L）				
		COD	BOD_5	NH_3-N	TN	TP

7.3 排污当量人口核算

本地服务器或数据处理平台应具备按中国城镇供水排水协会《城镇居民生活污水污染物产生量测定》 T/CUWA 10101—2021 第 7.1 条的计算公式，完成每个取样时间段排污当量人口核算，并自动填入数据处理平台对应的取样时间段的功能。

进行排污当量人口核算需要利用的数据主要包括每个测定周期起始点楼宇内居民人数初始值、居民出入计数系统的居民"进""出"详细记录和污水收集计量系统的每个取样时间段起止时间。

7.3.1 楼宇内居民"停留时间"核算

前已述及，居民出入计数系统并不会对每个"进""出"楼宇的"人"做身份识别，而只是在有人员进出时，自动记录每个人"进"或"出"的具体时间点，也就是说居民出入计数系统并不会识别出楼宇内实际停留的人到底是谁，到底是楼宇内的常住户、物业人员、快递人员还是其他人员，不会详细核算每个人在楼宇内的真实"停留时间"。本方法的居民"停留时间"实际上是遵循大数据计算的基本原理，按照居民"进"或"出"的状态进行单向统计，对于"进入"楼宇的居民，只统计其"进入"的时间点到本取样时间段终止时间点的时间长度，作为其"停留时间"，计入总停留时间，不再考虑被统计者是否会在此过程中离开楼宇；每个测定取样时间段所有"进入"楼宇居民的"停留时间"加和即为该时间段增加的"停留时间"。对于取样时间段内"离开"楼宇的居民，则是核算其"离开"楼宇的实际时间长度，也就是说预先假定所有"进入"的居民没有离开，整个取样时间段都在楼宇内，那么扣减"离开"居民的时间长度就可以得到实际停留时间总长度。因此按照出入计数系统捕捉到的"离开"的每个居民离开楼宇的时间点到本取样时间段终止时间点计算每个居民"不再停留"而需要扣减的"离开时间"，并将所有"离开"楼宇居民需要扣减的"离开时间"加和，即为因居民中途离开而减少的"停留时间"。以所有

　　"进入"楼宇居民增加的"停留时间"减去所有"离开"楼宇居民扣减的"离开时间"，即为整个取样时间段内被测定楼宇内排污人口"停留时间"的增量值，数据为"正"代表增加，数据为"负"代表减少。

　　举例说明如下：假设某居民楼宇 9:15 ～ 9:50 取样时间段居民出入计数摄像头识别到有 20 人"进入"楼宇，18 人"离开"楼宇，则详细记录并核算每个"进入"楼宇居民增加的"停留时间"和每个"离开"楼宇居民扣减的"离开时间"，详见表 2-10。

表2-10　居民进出记录及排污当量人口计算数据表

时间	状态		"进入"状态		"离开"状态	
	进	出	停留时间（min）	增加排污当量人口（人）	离开时间（min）	扣减排污当量人口（人）
9:15:18	√		34.70	0.99		
9:17:03	√		32.95	0.94		
9:18:02		√			31.97	0.91
9:20:06	√		29.90	0.85		
9:21:24		√			28.60	0.82
9:22:41	√		27.32	0.78		
9:24:56	√		25.07	0.72		
9:27:52	√	√	22.13	0.63	22.13	0.63
9:28:13	√		21.78	0.62		
9:28:13	√		21.78	0.62		
9:29:05		√			20.92	0.60
9:31:52	√		18.13	0.52		
9:33:25	√		16.58	0.47		
9:33:27		√			16.55	0.47
9:34:22		√			15.63	0.45
9:34:22		√			15.63	0.45

时间	状态		"进入"状态		"离开"状态	
	进	出	停留时间（min）	增加排污当量人口（人）	离开时间（min）	扣减排污当量人口（人）
9:34:54	√		15.10	0.43		
9:35:06		√			14.90	0.43
9:36:08		√			13.87	0.40
9:36:41	√		13.32	0.38		
9:36:41	√		13.32	0.38		
9:38:48	√		11.20	0.32		
9:39:05		√			10.92	0.31
9:39:15		√			10.75	0.31
9:40:59		√			9.02	0.26
9:41:35		√			8.42	0.24
9:42:09	√		7.85	0.22		
9:43:07	√		6.88	0.20		
9:43:18	√		6.70	0.19		
9:49:56	√	√				
合计			324.72	9.28	219.37	6.28

　　根据表2-10，9:15～9:50取样时间段"进入"楼宇20人的累计"停留时间"为324.72min，"离开"楼宇18人累计扣减的"离开时间"为219.37min，"停留时间"累计增量值为105.35min，楼宇内累计增加初始排污人口数量为2人。

7.3.2　排污当量人口增量核算

　　《城镇居民生活污水污染物产生量测定》T/CUWA 10101—2021的式（3）和式（4）明确给出排污当量人口的核算方法，本取样时间段的起止时间为 9:15 ～ 9:50，时长跨度为 35min，期间"进入"楼宇的 20 人累计增加的"排污当量人口"为 324.72/35=9.28 人；期间"离开"楼宇的 18 人累计减少的"排污当量人口"为 219.37/35=6.27 人。因此，取样时间段内新增"排污当量人口"为 9.28-6.27=3.01 人。

由于本测定方法以"当量人口"数而非"人口"数作为核算依据，在这种计算方法下，所核算出的每个在楼宇内停留过的人的"排污当量人口"值与"停留时间"直接相关，实际"停留时间"越短，所核算出的"排污当量人口"值越小，这在很大程度上解决了快递、物业或其他人员短时间停留对整个测定结果的影响。如上述案例中物流人员 9:38:48"进入"居民楼宇，9:40:59"离开"，在楼宇内的"停留时间"只有 2min 11s，按照取样时间段时长跨度 35min 计算出的"排污当量人口"仅为 0.06 人，仅占新增"排污当量人口"的 2%，占取样时间段内"排污当量人口"的比例更低，因此短停留时间的物流、物业等服务人员对整个测定结果的影响相对较小。

7.3.3 排污当量人口核算

每个取样时间段排污当量人口的核算主要涉及两个指标：取样时间段起始点楼宇内当量人口的初始值和取样时间段内排污当量人口的增量值。

利用入户调查/普查形式获得的某时间点楼宇内的实际人数，以及居民出入计数系统每个摄像头识别出的人员"进出"详细记录，很容易实现对任意时间点被测定楼宇内实际停留人数的准确计算，也就是说居民出入计数系统基本上可以实现被测定楼宇内任意时间点停留人数的准确计算。

7.4 结果计算

《城镇居民生活污水污染物产生量测定》T/CUWA 10101—2021 中的式（5）～式（7）分别给出人均日生活污水排放量、生活污水污染物产生量和污水污染物浓度的核算方法，该方法将城镇居民人均 24h 的生活污水排放量和污水污染物产生量的核算细分为 20 多个连续时间段人均生活污水排放量和污水污染物产生量的加和，并通过控制程序的调整尽量确保每个时间段数据的代表性，也就是说将折算出的每个人 24h 各时间段的生活污水排放量相加即为一个人 24h 的生活污水排放总量，污水污染物产生量的测算也遵循上述方法，这是比较容易得到理解和接受的数据处理模式。

城镇居民生活污水污染物浓度计算一般可采用水质水量权重法或污染物量/污水排放量计算法。水质水量权重法是城镇居民小区总排口污染物分析过程中应用比较多的方法，表面上看这种方法可以很简单地通过加权平均计算出居民小区总排口的污水平均浓度，但其计算出的污水污染物浓度只能代表本楼宇排放污染物的平均浓度值，并不能真正意义上表征本地区城镇居民生活污水的实际浓度水平。这主要是因为人一天每个时间段的排污量是有所不同的，在排污水平高度波动情况下，将某时间段 100 人的排污情况与另一个时间段 10 人的排污情况进行加权平均，只能得到这两个时间段污水污染物混合后的平均浓度，并不代表其中任何一个人的排污水平，也就是说加权平均法会因排污人口的波动和人均排污规律的变化而直接影响核算效果的代表性。以常州被测定楼宇为例，夜间统计计算的是 200 多人的排污量和浓度，如果按照加权平均法，浓度计算方面我们应该关注的是这 200 多人一天 24h 的所有排污量，这样才可以用来表征全社会的排污水平。但是白天上班期间我们只是统计计算了停留在楼宇内的 60 人～100 人居民的排污量水平，也就是说白天会有 100 多人并不是停留在楼宇内，因此只有将其结果折算为 200 人的排污量才能与夜间的计算尺度呼应。而本方法采用污染物量/污水排放量计算法，以核算出的人均日污染物产生量与人均日污水排放量的比值作为核算依据，实际上是克服了排污人口波动的影响，将污染物排放量和污水排放量折算到人均值，即相等的排污人口基数。

如表 2-11 所示是常州被测定楼宇某测定日连续 24h 的测定结果，以此为例按两种方法进行污染物浓度核算。统计结果显示，测定装置 24h 共接收居民楼宇的总排水量为 23.45m^3，按每个取样时间段收集的水量和 COD、BOD$_5$ 浓度，可计算出 24h 收集的 COD 和 BOD$_5$ 总量分别为

12871g、6084g，据此折算 COD 和 BOD_5 浓度分别为 549mg/L、259mg/L。而根据本测定方法计算出的人均日生活污水排放量、人均日生活污水 COD 和 BOD_5 产生量分别为 0.22m^3/（人·d）、121.6g/（人·d）和 58.8g/（人·d），据此折算出的 COD 和 BOD_5 浓度分别为 562mg/L、272mg/L。从数值上看，两种方法的计算结果差别并不显著，浮动值基本可控制在 5% 以内，但是这个结果因为常州被测定楼宇排水的浓度并没有相对较高或较低时间段，或者相对较高或较低时间段的排水量相对较小，因此对结果的整体影响并不显著，并不能说明这两种方法的计算结果都是有效的，或者真实反映了本地区城镇居民生活污水污染物浓度的真实水平。

表2-11　常州被测定楼宇某测定日24h周期水样检测结果

序号	当量人口（人）	水量（m^3）	COD（mg/L）	BOD_5（mg/L）
1	95.62	1.498	576	300
2	112.23	1.216	724	403
3	116.25	1.262	728	372
4	125.04	1.253	446	204
5	141.66	1.262	446	154
6	158.46	1.216	371	175
7	163.84	1.262	262	103
8	166.29	1.243	234	99
9	172.47	1.493	302	123
10	175.09	1.049	837	311
11	156.77	1.285	896	354
12	129.73	1.253	554	311
13	97.33	1.239	690	331
14	80.91	1.197	561	277
15	78.13	1.211	560	231

续表

序号	当量人口（人）	水量（m³）	COD（mg/L）	BOD$_5$（mg/L）
16	79.35	1.248	614	317
17	78.36	1.456	618	347
18	67.11	1.447	558	279
19	65.29	0.365	443	218

第三部分
现场安装、调试与测定

　　随着污水处理提质增效工作的推进和城市生活污水集中收集率行业监管指标的统计实施，城镇居民生活污水污染物产生量作为城市水系统源头基础指标的重要性日渐突出。为切实推进城镇居民生活污水污染物产生量测定工作落地实施，在国家水体污染控制与治理科技重大专项的支持下，中国市政工程华北设计研究总院有限公司研究团队联合江苏一环集团有限公司等单位于 2019 年开始筹划测定系统构建以及测定装置和数据平台的研发工作，利用 3 个多月的时间完成了首台（套）测定系统的搭建，而后在住房和城乡建设部城市建设司、住房和城乡建设部水专项实施管理办公室、住房和城乡建设部科技与产业化发展中心等单位的大力配合下，遴选江苏省常州市作为全国首个试点城市开展工程验证工作。常州市排水管理处结合测定工作需要，先期筛选了近 10 个基本符合测定条件的居民楼宇，经研究团队多次现场踏勘和校核，最终遴选出 1 个一层架空结构、污水立管全部为明管，装置落地条件较好且物业和业主配合程度较高的居民楼宇。经过为期一年多的跟踪测试工作，获得大量具有行业管理和工程应用价值的第一手基础数据，全面支撑了测定系统的优化完善和测定方法的标准化工作。随后，中国市政工程华北设计研究总院有限公司与深圳市水务（集团）有限公司组成联合体，中标深圳市典型居民区居民人均日生活污水污染物产生量测定项目，目前正在实施 2 个居民小区楼宇的居民生活污水污染物产生量测定工作。为便于各地结合实际情况科学布局居民生活污水污染物产生量测定项目，以常州市测试工作为重点，结合深圳市测试工作推进情况，就楼宇选择、测定装置落地和日常测试维护的工作情况与要点问题进行梳理总结，为其他城市和地区提供思路和借鉴。

1 居民楼宇遴选

　　居民楼宇遴选是确保整个测定工作顺利开展和测定结果数据持续稳定

获取的重要基础，本书第一部分和第二部分相关章节已经述及，居民楼宇遴选的第一步工作是要初步遴选出符合测定人数和出入口数量，具备测定装置安装条件的小区楼宇，结合小区物业及业主配合情况进行初步研判，一般可称为初筛或预判。第二步工作是在初筛的基础上遴选 2 个～ 3 个基本符合测试条件的居民楼宇，通过搜集查阅相关设计建设资料、现场调研、物业座谈、居民走访等形式，确认初步选定的楼宇是否真正具备测定装置运输进场和落地安装条件，是否满足测定系统的运行维护要求，确认物业和居民是否有支持开展科研工作的意向，一般可称为相符性调查。第三步工作是对现场操作条件进行详细踏勘和数据核实，尤其是居民楼宇排水管网布局与走向、污水管网运行现状与检查井布局情况、拟测定楼宇的污水管网与其他楼宇管网的连接情况及独立改造收集条件、污水提升装置安装条件、污水收集计量装置安装场地及周边情况、楼宇出入口摄像头系统安装条件、供水供电等基础设施条件、运输线路与限高要求等。根据测定系统落地实施经验，还应重点关注运输线路沿程是否满足运输高度要求、污水收集计量装置安装点位的承重条件和技术要求。考虑到不同地区的居民生活习惯和不同楼宇人群的工作方式，楼宇选择过程中还应结合居民用水量情况对所选定居民楼宇的适用性进行评估，尽量选择最小日供水量不小于 30m³、不超过 50m³ 的居民楼宇。

1.1　楼宇测试条件相符性确认

根据居民楼宇选择的技术要求，常州市排水管理处初步筛选出 6 个居民小区共 15 栋楼宇作为待选择楼宇，初筛结果见表 3-1。研究团队现场踏勘后，确认 A、B 两个小区的实际居民人数相对较少，难以满足测试条件要求；C、E 两个小区的装置落地条件相对较差，尤其是存在运输车辆无法顺利通过门卫岗楼的风险；D、F 两个小区基本上具备测定条件要求，且两个小区的排水均由常州市排水管理处负责运维，排水系统改造和装置落地相对容易，因此，研究团队就 D、F 两个小区内初步具备测试条件的数栋楼宇进行了现场详细踏勘和数据校核。

表3-1　常州市预选居民小区初筛结果

序号	小区编号	建设年份（年）	推荐楼栋	楼层	户数（户）	初筛结果
1	A	2003	3、4	20	60	居民人数不足
2	B	2007	5	20	60	居民人数不足
3	C	2007	22	20	160	安装条件相对较差
4	D	2010	7、16、17	29	116	符合测定要求
5	E	2008	20、21	18	144	安装条件相对较差
6	F	2015	4、5、8、9、11、12	33	132	符合测定要求

　　F小区是由常州市排水管理处统一实施排水管网设计、建设和运行管理的小区，在研究团队现场踏勘前，常州市排水管理处已经对条件相对较好的9号楼宇进行了详细的前期摸排，并与物业公司、业主委员会进行了对接沟通。9号楼位于小区中心区域，由2个单元组合而成，现场查勘并根据设计图纸，确认9号楼阳面侧和阴面侧的所有污水管均已分别汇集至两个集水井，且集水井周边区域较为开阔，管网改造及污水提升装置的安装条件相对较好。楼宇阳面侧前端有较为开阔的绿地和人行步道，污水收集计量装置落地相对较容易。9号楼共有3个居民出入口，且每个出入口都具备相对较好的摄像头和补光灯等配套设施的安装条件。但现场踏勘发现，一楼西侧有1个便民超市，且超市入口位于楼宇内，购物者都需要从楼宇正门入口进入，而摄像头安装位置很难回避这部分购物人员；阴面侧检查井前的管道流速略低，存在污染物不能及时转移的风险；小区为人车分离管理模式，主干道路沿线树木相对较多，树枝低矮，装置运输和大型运输车进入施工场地的前期准备工作较为烦琐，而且可能会涉及树木保护性迁移问题。鉴于上述原因，第一次现场踏勘阶段仅将F小区作为一般备选小区，小区9号楼实景如图3-1所示。

D 小区是常州市排水管理处刚完成排水管网权属移交，全面负责小区排水管网运维和雨污分流改造的居民小区，其中拟开展测试工作的 17 号楼一层为接近 4.3m 的架空结构，居民生活污水经两个钢制污水管分别汇集到一楼顶部，并贴墙面进入排水管道系统［图 3-2（a）］。与南方大部分居民小区类似，该小区现场踏勘期间也发现阳台一侧几乎每根雨水立管都存在旱天排放

图 3-1　常州市 F 小区 9 号楼实景图

污水的情况，且污水泡沫相对较多，基本可确认为洗衣废水排放，所有雨水立管均为断接状态，且立管下方设有雨水算子，雨水及旱天排水直接进入下端的雨水算子。因此，原则上只需要对雨水立管进行简单改造，增加临时的分流装置，并就近集中设置一个污水提升装置，就可以实现对雨水立管旱天排水的全部收集。现场核实时也进一步确认，楼宇现状污水立管主要采用卡箍连接方式［图 3-2（b）］，可非常方便地进行管路改造，对居民生活排水的影响相对较小。该楼宇共有正门、消防通道和地下车库 3 个居民出入口，出入口条件满足居民出入监控的基本要求。楼宇内居民以正常家庭居住为主，无便民超市、小饭桌、餐饮等营业类住户，也未发现多人合租的现象，居民人口结构比较适合测定工作。楼宇阳面一侧为大片的树木交错的绿地，树木之间有足够的绿地空间可用于污水收集计量装置的安装，小区内道路可以满足大型机械和车辆的通行与作业要求，污水提升装置安装点位的吊装施工条件也相对较好。总

体而言，通过现场条件确认，D 小区 17 号楼的测定装置落地条件相对
较好，是比较理想的居民生活污水污染物产生量测定楼宇。

（a）   （b）

图 3-2　常州市 D 小区 17 号楼污水立管

（a）主要外露部分；（b）顶部结构

深圳市水务（集团）有限公司先期组织各分公司开展测定楼宇初步筛
选工作。但调研发现，深圳市的居民楼宇结构与常州市明显不同，大多数
是 20 多层的高层联排楼宇，且部分楼宇的中间楼层间有连廊，居住人数
远超过测定装置可服务接纳的人口数量；还有 5 层～7 层的多层洋房结构，
单栋的住户较少，且污水立管的数量相对较多，每根管道收集的污水量相
对较小，需要多个楼宇联合才能满足测定的基本要求。经综合权衡，最终
确定采用多个楼宇联合测试的方式，并初步选定 A、B 两个居民小区作为
测定备选对象。截至本书成稿阶段，A 小区已经落地并完成 20 余个周期
的测定工作，B 小区的现场勘探和改造收集设计方案仍在制订中，因此仅
对 A 小区的情况做简单说明。

A 小区建成于 1996 年，多为 7 层洋房结构，开展测定工作的 2 个楼
宇均为一梯四户，总计 56 个居住户。经与物业公司和业主委员会沟通确认，
该楼宇内以家庭租赁户和集体宿舍为主，尤其是就近上学的中小学生类家

庭户相对较多，居民类型与深圳市的人口结构基本相似。现场确认，该楼宇的雨污分流情况相对较好，均未发现雨水立管旱天排放污水的情况，且雨污水管网错接混接情况也不多见。排查阶段发现小区门卫室公共厕所污水排入拟测定楼宇的污水管网，经多方研讨确认只需要通过简单的管网改造工程就可以实现 2 个楼宇生活污水的独立排放和收集，整个管网改造和装置落地的实施条件相对较好。不足之处在于管网相对老旧，管网探测时发现有树根穿透形成管道内部隆起，以及缠绕物挂壁和沉积形成的部分点位管道堵塞等缺陷问题；另外，楼宇间的工程实施空间较小，地下管线等基础设施错综复杂，地下水位相对较高，管网和检查井埋深较大，现有管线坡度相对较小，这些因素在很大程度上影响了污水提升装置的安装。该楼宇的测定装置落地难度明显高于常州市 D 小区 17 号楼，改造工程实施难度相对较大。

1.2 运输线路确认

测定楼宇基本确认后，第二步工作是对整个运输线路和场地安装条件进行踏勘确认，其中，运输线路的确认是后续工作是否顺利推进的关键。首先需要确定运输线路沿线的限高是否满足要求，因测定装置及各种附属设施的自重只有不到 3t，而污水收集计量装置的最大运输尺寸要求不超过 3.6m×2.4m×3.2m，结合污水提升装置以及配套附属设施的运输摆放尺寸要求，最终确认可使用 6m 的普通货车进行城市内运输，装车后车身和货物的整体高度可控制在 4.5m 以内，因此原则上整个运输线路，尤其是居民小区内部的出入口限高架、建筑、树木等区域不能有低于 4.5m 的限高要求。其次需要进行现场踏勘确认小区内部道路是否满足运输车辆的转弯半径要求，老旧居民小区道路沿线一般树木茂盛，对运输车辆的通行有一定影响，加之小区内部车位比较紧张，私家车在小区道路两侧停车的问题比较普遍，这些实际情况都很有可能会影响运输车辆以及吊装车辆的正常通行。最后需要现场踏勘确认安装场地的车辆停放、装置转运、吊装和安装空间是否满足要求,尤其要考虑吊装是否需要跨越树木或其他建构筑物,是否需要相对较大吨位的吊车,吊车的操作空间是否满足要求等,最好由吊车租赁公司的人员共同在现场进行核实确认。

通过现场踏勘确认,常州和深圳两个测试现场及运输沿线的限高架均能满足车辆通行要求,但常州测定小区存在私家车停放过多影响装置安装,以及运输车辆在城区内部分时间段限行等问题。为此,常州市排水管理处与物业公司、业主委员会和交警部门多方协调和协商,在测定装置进场安装前2天开始组织对重点线路和安装点位周边的车辆进行限停管理,并在小区入口处增设临时停车点位,用于限停区域私家车的临时停放。另外,常州现场的污水提升装置和污水收集计量装置的安装都需要跨越高大的树木和灌木丛,因此选用吨位相对较大的吊车,而深圳A小区安装点位周边相对开阔,无树木和建构筑物遮挡,选用吨位较小的吊车即可满足要求。

1.3　安装场地踏勘

考虑到目前大多数居民小区内供排水、热力、电信等地下管线错综复杂,在最终确定安装点位前必须进行较为详细的现场踏勘,这不仅包括污水收集计量装置安装点下方管线等设施情况的踏勘,还包括污水管网线路改造路由确认、污水提升装置安装位置确认等工作。

经核算,污水收集计量装置的自重不超过3t,考虑满水状态下收集计量装置的最大蓄水量2t,再加上日常运维、参观人员重量,整个装置的最大总重量一般不超过7t,而装置底部的龙骨接触面相对较大,这也意味着污水收集计量装置对地面荷载的要求不高,简单的混凝土浇筑地基就可以满足装置落地要求。另外,污水收集计量装置的外观尺寸一般不超过3.6m×2.4m×3.2m或4.8m×2.4m×3.2m,也就是占地面积为一个车位大小左右,因此小区内普通停车位的空间和承重基本上可以满足设施安装要求。

因常州的污水收集方式为一层污水立管断接后直接接入污水提升装置,污水提升装置只需要安置于地面,对地下管线等设施的影响相对较小，污水提升装置与污水收集计量装置之间为树木林立的绿地结构，改造后的雨水立管截污管道是沿着楼宇四周边缘布设，对周边居民的影响很小，可以直接使用明管。污水收集计量装置选址在高大树木之间一片面积约 5m×5m 空间的低矮灌木和草坪区域，位置比较隐蔽，再加上乔木和灌木本身具有一定的隔声、降噪、除臭等功效，是污水收集计量装置安装的首选位置。因该区域原为绿地结构，需要做适度的硬化处理后才能作为收集计量装置的安装地基，为此常州市排水管理处在完成选址后立即安排对该区域进行现场踏勘，确认选定区域周边有一条燃气主干管道，但污水收集计量装置的安装对其影响相对较小。

深圳 A 小区的污水收集计量装置安装位置原为居民休闲娱乐小广场的边缘空地，地下无重要管线设施，地面大部分区域已经进行硬化处理，此次仅需要在原硬化路面的基础上找平并增加 10cm 左右的防水平台即可。但 A 小区 2 个楼宇周围的地下管线比较复杂，地面可利用空间相对较小，经综合权衡后仅设置 1 套污水提升装置；另外，小区所在地块原为填海造地区域，经勘察确认污水收集提升装置的地下安装位置为流沙层结构，土质较为松散，而且污水管网和检查井距地面相对较深，地下水位相对较高，这些因素在很大程度上增加了污水提升装置的地基施工和安装难度。

2 提升和收集计量装置安装与调试

2.1 安装条件准备

待测定居民楼宇和测定装置安装场地确定后，需要开展场地"三通一平"等准备工作，主要包括供水供电保障、污水提升装置安装位置的基础建设、污水收集计量装置安装位置的基础建设，以及必要的老旧污水管网改造、雨污错接混接改造、收集提升管道敷设等。

因使用切割型污水提升泵和低噪声大功率搅拌电机，测定装置一般需采用 380 V 供电，但整体装机功率一般不超过 8kW，即通常不超过 2 个居民家庭的用电负荷需求。常州测定现场的居民供电系统安装于一楼公共区域，具有多条可供选用的备用电路，供电条件相对较好；深圳 A 小区也直接使用居民供电系统解决供电问题，其他居民小区原则上也可参照常州和深圳的做法，直接使用居民供电系统为测定装置供电。摄像头的电耗一般较小，可直接利用楼道内的公共用电解决，摄像头数据可选用无线传输或有线传输模式，具体可根据现场条件确定。常州被测定楼宇的 3 个居民出入口摄像头和深圳 A 小区的 2 个居民出入口摄像头安装条件相对较好，且都具备布设有线传输网络的条件，为保障数据传输效果，降低数据传输成本，最终均采用有线传输模式。测定方法本身对自来水的需求并不高，一般使用桶装水或水桶临时蓄水的方法就可以解决采样瓶清洗问题。如果有条件，还可购置 2 套或多套自动采样器采样瓶，不仅可以解决采样瓶现场清洗等问题，还可以减少两个测定周期间的准备时间，这种情况可以不考虑测定装置本身的供排水系统设置。

除上述准备工作外，常州测试现场还需在装置运输安装前完成污水收集计量装置的混凝土基础浇筑（图 3-3）。考虑到污水收集计量装置运行期间的总重量一般不超过 8t，再加上装置底部整体框架与地面的接触面积相对较大，平均荷载相对较低，对地下基础的荷载要求并不高，但考虑到装置附近埋有燃气主干管，为加强燃气干管的安全防护，经协调市政管线产权部门现场踏勘与反复核算，最终采用 C15 混凝土浇筑 10cm 的地基建设方案。除此之外，测定装置现场安装前，常州测定现场无须提前准备其他事宜。

深圳 A 小区测定现场因大量使用老旧管网作为测试系统的污水输送管道，而且采用地下横管安装式污水收集提升装置，前期需要准备的工作相对较多。首先需要对拟使用的管道段开展高压冲洗、物探检测与局部修复，并结合管道物探检测情况，合理调整污水提升装置的位置和数量，确保居民生活污水可通过重力流方式快速高效输送至污水收集计量装置；要做好污水收集管网的排查诊断，并通过管道局部改造，将不属于待测定楼宇的排水改造接入其他管网排放，原本属于该楼宇的排水改造接入本测定系统，确保待测定楼宇内居民的生活排水全部被收纳，非待测定楼宇内居民排水均不被收纳。此外，还要提前做好污水收集计量装置安装地基的浇筑，做好供电、供水线路开挖敷设和网络的安装布线等工作。

图 3-3　常州污水收集计量装置地基建设

2.2　运输安装与管网改造

由于所选定居民楼宇位于常州市小型货车日间禁行区域，施工现场为小区私家车的主要行驶通道，为尽量减少吊装和安装对居民生活的影响，经多方协调，最终确定早上 6 点前将测定装置运抵居民小区大门口，并根据小区内部车辆通行情况，在 8:30 之后的合适时机，运输、吊装及其他施工车辆进入小区开展吊装和安装工作，下午 4 点前所有工程车辆撤场的实施方案。

常州现场装置安装主要包括以下工作内容：污水收集计量装置组装、污水提升装置组装连接、雨水立管断接改造、管路 / 线路安装、整机联机调试。由于污水收集计量装置全部为工厂预制模块化拼接结构，现场只需要进行法兰连接和 PLC 控制柜归位，并连接 PVC 排水和排气管道即可完成整个安装工作；污水提升装置内部的组装操作也相对比较简单，上述设备组装工作由设备生产方江苏一环集团有限公司技术人员在 1 天～2 天内完成。

常州现场的污水收集计量装置在安装完成后并未立即进行计量池的容积校核，而是在完成系统联机调试后，采用第二部分 4.2.4 所述的校核方法绘制液位－容积曲线（曲线拟合度 $R^2 > 0.99$），并同步更新了数据平台中污水量与液位的换算公式，进一步提高了污水排放量的计量精度。

常州测定楼宇污水立管需要采取折弯断接，雨水立管需采取立管转横管的截流收集方式，断接方式和点位不合理可能会引起管道积水和承重拉扯断裂等问题，直接影响居民的日常生活排水，属于具有一定技术难度的工作。此外，考虑到测定工作完成后的场地恢复、管道复原等工作，经协调，由常州市排水管理处下属设计部门完成管网改造设计，下属管网运维团队负责组织改造工程实施。

为避免污水提升装置挤占居民日常活动及电动自行车停放空间，保障测定期间顺利排水，常州现场选择将污水提升装置设置于楼宇墙体外侧，提升装置进水口中心线与墙体内侧的污水立管中心线之间保持约 50cm 的净宽距离（图 3-4）。实际运行发现，这种设置方式还同步解决了污水垂直跌落撞击管壁和池底产生噪声的问题，管道内噪声明显降低。考虑使用 PVC 管作为排水管和污水提升装置之间的临时接入管，再加上两者之间采用折弯连接方式，存在自然垂落和污水冲击震荡的风险，可能会对顶部污水横管造成拉扯牵引，为此，新 PVC 管段下部与提升装置之间选用刚性连接方式，可以确保运行期间 PVC 管相对固定；新 PVC 管道上部与老管道之间采用柔性接口的连接方式，预留足够的伸缩空间，缓解了 PVC 管段排水震荡对一楼顶部污水横管的影响。为方便快速安装，并确保上部横管来水顺畅进入提升装置，采用 PVC 管道套插原老管道的承插模式，即 PVC 管道的内径略大于老管道外径，老管道直接插入 PVC 管道内，而后采用柔性密封胶填缝的方式进行新老管道连接。为降低管道断接期间居民生活排水对施工现场环境和施工人员的影响，选择居民生活用水量相对较小的工作日下午2点左右进行污水立管的断接安装。其主要操作流程为：管道断接前先将污水提升装置主体就位，其出水管、溢流管等排水管路连接畅通，确保管道连接后能正常排水；之后完成PVC管道下部与污水提升装置之间的临时对接并使螺栓保持在非胀紧状态，确保PVC管道上端留有足够的活动间距；取下原管道上部管卡并完成PVC管道上部与原污水管的连接，之后完成管网的固定和加固，以及老管道底部拆卸和封闭保护，确保测试工作结束后原有管道可快速复位恢复。

（a）　　　　　　　　　　　　　　（b）

图 3-4　常州现场污水立管改造及提升装置安装

（a）立管断接前装置就位；（b）立管断接后准备装置连接

　　考虑到正在实施中的雨水立管改造方案施工周期长，雨水立管改为污水管道后最终也要地埋并接入集水井，短期内难以满足本测定方法对阳台废水收集的需求，为保障测试工作快速高效实施，最终商定由常州市排水管理处按照测定工作的实际需要，采取临时改造措施完成雨水立管旱天排放污水的截流收集，并提出两种改造方案。方案一：在距离地面之上2m～3m，即在二楼住户阳台下方架设截流横管，截流污水直接通过横管分别排入2个污水提升装置，这样可以省略雨水立管排污的提升需要，但是这种做法通常需要对新增的雨水横管进行架空处理，还要考虑防风、防坠落、防沉降等事宜，尤其是当局部管道出现弯曲变形时，可能直接导致满管溢流甚至管网错位、断裂等情况；方案二：在紧贴地面的位置临时布设污水收集横管，截流污水收集至雨水集水井，而后使用潜污泵直接提升至污水收集计量装置，这种改造方法的最大优点在于管道布设于地面，对楼宇本身的影响相对较小，且管道承托相对简单，实际运行过程中可随时关注管道弯曲变形情况，并及时采取简单的加固措施。因方案一的技术要求相对较高，且存在影响美观、脱落和居民投诉的风险，最终选用较为安全美观的第二种截流方案。

在雨水立管改造前，工程技术人员对立管旱天排水情况进行为期数日的现场观测，发现绝大多数点位大部分时间的排水量并不大，按照 2 台～3 台洗衣机同时排水的水量核算，DN 25 管道基本可以满足 3 个～4 个雨水立管排放污水的收集转输要求，因此先期按照图 3-5（a）的大小管变径的形式进行了改造。但改造后跟踪发现旁路雨水溢流口仍会出现不定期的排水情况。经现场研判，出现上述情况的原因可能是多方面的，第一，雨水立管并不是连续排水，横管内的水由静止状态转变为流动状态需要一定的时间，导致立管排水和横管输送形成时间差；第二，立管变径段与溢流口之间的距离过小，管道蓄水空间不足，且难以形成有效的水压；第三，这种形式不可避免地会形成气阻问题，尤其是坡度不足时，后段排水还可能逆向流动导致前段出现排水不畅问题。为此，后期按图 3-5（b）模式重新进行了改造，将管道全部由 DN 25 更换为 DN 110，并适当加高溢流口高度，确保横管无法及时排水时，立管溢流口段至少具有临时存储50%～80%洗衣机一次排水量的能力。多个雨水立管排水最终汇入一个雨水集水井，并在井内放置一个安装有普通潜污泵的圆柱形不锈钢水槽，通过浮球阀控制潜污泵的启闭，通过阀门调节实现雨水立管排污的旱天收集排放和降雨期间的雨水正常排放，从而彻底解决了雨水立管旱天污水的收集、分流和雨水排放问题。由于雨水立管来水主要为洗衣废水，杂质和颗粒物相对较少，使用普通潜污泵即可满足排水收集提升要求，雨水立管截流措施未对雨水排放造成影响，测试期内未发生雨水排放不畅或冒溢情况。

（a） （b）

图3-5 常州现场雨水立管截流改造实物图

（a）初期细管断接；（b）后期改进型粗管断接

考虑到测试工作对整个系统程序的合理性要求比较高，加之常州测定现场是本测定装置的首次落地应用，为确保整个24h周期取样过程与预设要求完全一致，保证污水收集计量装置的控制液位可以满足每个周期的水样数量在20个左右且不超过24个的技术要求，运行调试人员在所有污水提升装置和污水收集计量装置安装到位后，首先进行一周左右时间的联机调试。当然，考虑到居住人口、生活规律、用水习惯等众多难以掌控的因素，每一台（套）装置落地后都需要进行污水收集计量装置运行控制液位的联调工作。当水样数量超过24个时，可适度提高污水收集计量装置的控制液位，以增大每个取样时间段的收集污水量，延长每个取样时间段的时间长度；当水样数量少于20个时，可适度降低收集计量装置的控制液位，减少每一个取样时间段的收集污水量，缩短每个取样时间段的时间长度，在随后数个月的测试过程中，仅出现1次水样数量超过24个，2次水样数量少于18个的情况。当然，跟踪测试过程中也发现，周末和节假日白天的居家人数明显多于工作日，且阳台洗衣废水排放量也会有所增加，也就意味着周末和节假日的楼宇排水总量明显增加，会对污水收集计量装置的运行状况形成新的技术需求，水样数量超过 24 个的情况出现的概率可能会更高，这是测试工作中需要重点关注的内容，也是《城镇居民生活污水污染物产生量测定》T/CUWA 10101—2021 标准中明确不进行周末和节假日测试的原因之一。

由于污水提升装置采用地下横管安装模式，且大量使用原有污水管道作为收集管网，深圳市 A 小区现场管网改造工作相对复杂，在前期安装条件准备阶段，深圳市水务（集团）有限公司属地分公司就组织实施了污水管道的排查诊断与清洗工作，完成局部排水管网改造，确保原小区入口门卫室处的公共厕所排水不再进入拟测定楼宇集水井，楼宇内居民生活排水全部进入新建集水井。但由于老旧小区地下管线设施错综复杂，必须充分考虑管网改造对其他既有地下管线等市政基础设施的影响。管网改造设计期间，经现场踏勘确认，距离污水提升装置不到 5m 的一个需要进行改造的楼宇出户管，其距离最近的改造线路恰好与现状地下电缆线路正面交叉，导致最后不得不绕道 20 多米，同时新增 2 个检查井实现局部区域的污水收集管网改造工作；但管道开挖铺设过程中又遇到楼宇基础阻挡，导致管道施工形成"逆坡"，最终又不得不再次对最低点位的集水井进行改造，通过加装切割型污水提升泵的形式得到解决。此外，另一条污水管道也出现树根穿过管道导致的积水、堵塞和低流速问题，为此在低洼处的集水井也增加 1 台污水提升泵，最终确保绝大部分生活污水污染物及时输送至测定装置中。

深圳 A 居民小区的测试工作也给我们很大的启示，城市老旧管网的运行状况与设计可能存在较大差异，原则上应尽量避免直接使用埋地横管和原有检查井进行污水收集，如确需使用，可通过就地设置多台简易污水提升装置的方法，尽量缩短测试系统中地埋重力流污水管道的长度，确保居民生活污水经压力提升后快速到达污水收集计量装置。另外，测试过程中也发现，即使楼宇的排水管网已经彻底实现雨污分流、检查井内无雨水管道混入，同时对检查井盖周边做了密封防水处理，当降雨期间检查井周边形成局部积水时，仍会有少量雨水通过井盖周边区域进入污水检查井。但通过实际观察和检测，雨水排入导致的水量增加一般只会影响污水排放量和污染物排放浓度的核算结果，对居民生活污水污染物产生量测定结果的影响可以忽略，因此在雨污分流相对较好，雨天样品数量不会超过 24 个的情况下，也可同步完成雨天的取样测定，并通过旱雨天测定情况的对比分析研究降雨对居民生活污水产排情况的影响。

2.3　提升装置改进及降噪处理

本测定方法的污水提升装置直接用于接收居民日常的生活污水，而生活污水中通常含有瓜果蔬菜及其挟带的泥沙、剩饭剩菜等物质，还可能含有卫生纸、餐巾纸等漂浮物，甚至偶有出现因不小心倒入便器内的抹布、胶皮手套等其他各种杂物，这些都会对污水提升装置的正常运行造成不利影响。常州测定装置调试运行初期的很短一段时间，装置底部就形成大量沉积物，同时顶部也出现大量漂浮物（图 3-6），严重影响了污水污染物的全量收集和快速转输。为此，研究团队进一步开展污水提升装置底部沉积和上部漂浮物的控制技术研究与工程验证。

（a）　　　　　　　　　　　　　　（b）

图 3-6　污水提升装置沉积物和漂浮物情况

（a）沉积物实景图；（b）漂浮物实景图

进一步跟踪测试发现，因切割型污水提升泵与池底只有数厘米的距离，底部沉积物多数情况下可通过测定期间的泵排水、非测定期间的集水槽清理和测定周期正式启动前的预启动清洗等方式解决。但是，受运行保护要求的影响，每次污水提升后装置内仍会存有少量污水，箱体内长期积累的大部分漂浮物并不能直接通过泵排水的方式排出，反而会黏附于泵体等凸起位置，或漂浮于水面，测定期间连续进行水冲排水操作也很难全部排出，需要辅以其他措施加以解决。

本书第二部分已经提及，市场上可采购用于本测定装置污水提升的切割泵的最小设计流量通常在 200L/min ～ 500L/min，而 1 个 200 人～ 300 人居住人口的居民楼宇，高峰用水时段的排水量也通常仅为 40L/min ～ 60L/min。在这种情况下，即使污水提升装置集水箱具有 500L ～ 800L 的调蓄容积，提升泵每次启动也会将集水箱内的水快速排出，从而导致提升泵启动过于频繁，如果同步设置多个污水提升装置分配这些污水量，则提升泵的启动频次更高，通常无法满足水泵常规启停时间间隔和频次要求。从保障污水提升泵运行寿命角度考虑，一般要求水泵每小时启动频次不大于 6 次，每次的运行时间不少于 5min。如果按照人均生活污水排放量的较大值 0.2L/min 进行估算，1 个 200 人～ 300 人居住人口的楼宇生活污水排放量也将远低于市场大部分切割型污水提升泵的最小设计流量，从而出现不小于 150L/min 的进出水量差值，这也意味着每次 5min 的运行时间需要相对较大的集水箱有效容积，这不仅无法保证生活排水的快速混合计量，还会增加设施占地和土方量，在实际操作中通常难以实现，会在很大程度上影响测定工程落地和方法的推广应用。另外，早期运行过程中发现，虽然污水提升装置箱体使用了 4mm 不锈钢板，并在周边做了箱体框架，但因提升装置为方形框架结构，在提升装置开始排水，高水位快速降低至低水位的过程中，钢板箱体的中间位置会发生快速形变，由向外凸出快速变成内凹结构，钢板回弹的噪声比较明显，容易出现扰民问题。

基于以上两个方面的考虑，常州测定装置落地后不久，就对污水提升装置的出水管路进行技术改造，通过在提升泵出水管上增加三通、阀门和循环管路，实现水泵出水的分流并在污水提升装置内形成循环，然后调节循环管路方向和位置，使 1/2 左右的水泵出水回流至集水箱底部，进而使集水箱内部形成较好的循环混合流态，不仅对底部沉积物形成冲刷作用，还能对上部漂浮物起到流动搅拌作用，同步实现沉积物和漂浮物的导流自冲洗效果（图 3-7）。装置改造后的运行结果表明，导流自洗的设计不仅解决了污染物沉积、漂浮对全量收集和及时转输的影响问题，还以较小的集水箱容积实现污水提升泵安全启动次数和运行时间的控制要求。污水提升装置运行期间的噪声处于居民可接受范围，但是夜间取样时仍会有微弱噪声影响周边居民睡眠。此外，测试过程中装置内偶尔出现的居民不小心倒入便池内的胶皮手套、抹布等物品，由于这些物品的尺寸一般相对较大，可能会直接缠绕在锁链、浮球或泵头上，或一直在污水提升装置内旋转，很难进入切割型污水泵细小的切割空间。考虑到这些物品并不是传统意义上的居民生活污水污染物，可定期人工清理确保装置的正常运行；当然，这些物品进入污水提升装置也属于小概率事件，无论是被切碎进入污水收集计量装置还是人工捞出装置，对测定结果的影响一般相对较小。

污水提升装置的运行模式调整为耦合回流循环的排出方式后，由于其整体为不锈钢结构，水流撞击池体仍会导致出现明显的噪声，如果同步考虑污水重力流跌入污水提升装置、提升泵和池体的接触共振，以及水泵启停阶段污水倒流等所产生的水流冲击声音，将会对周边居民的生产生活造成直接影响，尤其是夜深人静的时候，

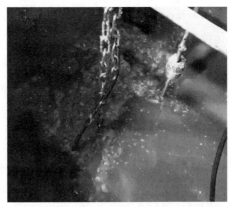

图 3-7　改造后的污水提升装置运行效果图

这些噪声会直接影响居民的正常休息，增加居民投诉风险。由于常州现场的污水提升装置采取地上安装方式，这种情况下噪声的空间扩散能力相对较强，因此噪声必须从控制噪声产生源和阻断噪声传播途径

两个方面分别采取技术措施。一是对噪声产生源，也就是污水提升装置本身的内部结构进行改造，主要措施为延长箱体内进水管长度，同时设置进水引流管，使进水切向进入箱体内部，避免立管污水重力排入直接撞击箱体和水面，并在箱体内形成循环流态；二是在不影响运行效果的前提下，通过锁链固定的形式将污水提升泵的位置向上提升3cm～5cm，使提升泵处于悬空状态，减少水泵与池底的接触，避免产生运行共振噪声，当然该项工作要同时兼顾泵启停阶段的横向位移问题，避免水泵出现"摆动"情况；三是调整回流管路，避免水泵启停阶段出现大的水流撞击声音，同步解决回流水量过大时对不锈钢板的撞击声。与此同时，对污水提升装置池体中间易变形部分进行加固处理，有效解决了排水时钢板的瞬时变形和噪声问题。这些细节性优化工作都为测定装置的标准化提供重要的技术支撑。

在阻断噪声传播方面，首先尝试了在污水提升装置外部加装隔声棉的措施（图3-8），但由于污水提升装置已经整体安装就位，周边可利用的操作空间有限，再加上各种管道、阀门等连接点的限制，因此只能采用双面胶和透明胶等传统方式进行粘贴和封装，现场测试发现隔声棉的整体隔声效果并不理想，尤其是管道接口、观察孔等位置仍会有明显的噪声传出，导致夜间仍会有间断性的噪声。为此，后期又在污水提升装置外部整体加盖棉被（图3-9），有效解决了隔声棉无法做到的细节点位的隔声问题，整体隔声效果明显改善，尤其是在湿润状态下，隔声效果更加良好，夜间噪声扰民的问题显著改善。常州现场所经历的污水提升装置噪声的有效解决，为地上立管安装式污水提升装置的设计加工提出新的技术要求，即地上立管安装式污水提升装置均应在出厂前做好标准化的隔声设计和配套设施，具体包括在箱体内设置导流管和导流槽，尽量减少排水管道、回流管道的出水端与泵的最低运行水位线之间的距离，同步加强出水端的箱体结构设计和出水的循环流态设计，避免出水直接撞击箱体产生噪声；箱体外增设成品隔声板，确保污水提升装置整体安全美观。另外，通过水力学模拟研究以及深圳A小区的工程实施也再次确认，采用上部圆柱形、下部圆锥形的箱体结构形式可以更好地解决噪声问题，成为污水提升装置的标准化结构形式。

图 3-8　对污水提升装置加装隔声棉　　图 3-9　对污水提升装置加盖棉被控制噪声
　　　　控制噪声

深圳 A 小区采用的是地下横管安装式污水提升装置，装置整体安置于钢制沉井中，装置顶部与地面之间预留超过 1m 的操作空间，另外该测试现场仅设置一个污水提升装置，装置有效容积相对较大，底部的锥形结构也缩短了低水位抽空时间。工程应用现场确认这种地下式、半地下式，甚至（局部）地埋式污水提升装置能有效解决测试过程中的噪声问题，不失为一种更好的污水提升装置安装模式。

3 居民出入计数系统安装与调试

3.1　摄像头安装与调整

经过现场踏勘和蹲点观察确定，常州被测定楼宇正门、侧门消防通道和地下车库 3 个出入口均有居民正常进出，其中楼宇正门和地下车库出入口的居民出入频次相当，整体占比超过该楼宇居民进出总频次的 95%，楼宇正门的居民出入频次略高于地下车库出入口，因此这两个出入口居民计数结果的准确性将直接决定测定结果的成败。虽然平时侧门消防通道出入口的居民进出频次并不高，只是偶有出入二三楼或地下室的居民从此处经过，但仍然会对计数结果造成影响，并最终影响整个测定结果的准确性，而测试期间如对消防通道采取限制通行措施将会影响居民情绪，甚至直接影响测定工作的顺利实施。经现场踏勘，3个居民出入口都有相对较好的摄像头安装条件，其中楼宇正门和地下车库出入口为室内安装，消防通道出入口为室外安装。考虑到传统声控照明系统要达到充足光线条件存在一定的时间滞后性，为确保夜间居民出入计数的准确性，同步对部分出入口进行补光处理。各出入口的现场实景如图 3-10～图 3-12 所示。

（a） （b）

图 3-10 常州被测定楼宇正门出入口内外实景图
（a）内侧实景图；（b）外侧实景图

正门出入口摄像头选择在楼道内安装，不仅可以利用楼道内原有的照明系统，提高摄像头识别的精准度，还可避免室外环境，尤其是刮风、降雨、雾霾等气候条件对摄像头识别精度的影响。考虑到低楼层居民在电梯高峰期间可能直接由楼道进出，因此原则上也可考虑分别为正门的电梯口和楼梯口安装摄像头。但过多的摄像头会增加计数系统的复杂程度，降低数据准确度，还会增加公众的不适感，为此，最终确定将正门的进出人员画线识别区域设置在楼门入口处内侧。该楼宇一楼层高接近 4m，摄像头安装条件比较理想，但由于空间相对较大，夜间灯光照明效果不太理想，再加上有电动自行车进出影响等问题，成为后期人员计数系统调试改进的重点内容，也是测定系统调试期间居民出入计数系统精准度校核工作量最大的地方。

（a）　　　　　　　　　　　　　　　（b）

图 3-11　常州被测定楼宇消防出入口实景图

（a）正面实景图；（b）侧面实景图

（a）　　　　　　　　　　　　　　　（b）

图 3-12　常州被测定楼宇地下车库出入口及电梯间实景图

（a）出入口；（b）电梯间

消防出入口内侧顶部距离地面的高度约 2.2m，无法满足摄像头安装的高度要求，因此只能选择将摄像头安装在门外侧。该出入口外侧空间的高度与楼门出入口类似，顶部到地面的高度接近 4m，摄像头安装条件相对较好，但是由于该区域没有安装照明灯，并且顶部悬挂安装摄像头的条件并不理想，为此采取外墙增设摄像头和补光灯支架的方式。后期调试发现该区域由于居民进出频次相对较低，尤其是夜间进出频次更少，对居民进出计数的影响相对较小。

地下车库出入口的摄像头安装条件总体比较理想，在车库与电梯间之间有一个 $2m^2$ 左右的 $45°$ 转弯通道，该区域的长度、高度等都可以满足摄像头安装要求，补光灯的安装条件整体也比较理想，识别准确率较高，对该楼宇的居民进出计数结果的影响相对较小。现场监控计数摄像头及配套管线安装如图 3-13 所示。

（a）　　　　　　　　　　　　（b）

图 3-13　现场监控计数摄像头及配套管线安装

（a）正门出入口安装；（b）消防出入口安装

考虑到地下车库出入口位置的网络信号不稳定，可能会直接影响数据传输效率甚至导致数据传输延迟、中断，影响测定结果的准确性，同时现场确认 3 个摄像头安装点位到污水收集计量装置之间敷设网线相对简单，因此经多方协商，最终确定 3 个摄像头与本地服务器之间均采用有线传输方式（图 3-14）。因整体功率和电耗相对较低，摄像头和补光灯可直接由楼宇照明系统供电，原则上无须新增供电线路。考虑到测试系统为临时设施，测定工作结束后，摄像头、补光灯等设施需要拆除和现场恢复，为此经协商采取临时布线方式。

（a）　　　　　　　　　　　　（b）

图 3-14　网线和电线敷设安装

（a）地下车库出入口安装；（b）消防出入口安装

需要说明的是，由于居民出入计数系统采取"人形"识别技术，摄像头安装之前，研究团队并没有意识到电动自行车会被摄像头识别为"人"，而且虽然经过反复的参数修正与摄像头位置调整，在光线不足、多人同时进出、人与电动自行车并行等情况下，仍存在电动自行车错误识别为"人"的问题（图 3-15）。当然测定方法构建过程中，也有很多专家学者建议采用红外摄像或人脸识别技术，但测定过程中我们也发现，楼宇内居民进出情况比较复杂，采用红外识别的精度可能更难以保障，另外，人脸识别的计数方式在居民小区根本无法实施。上述情况在第二部分已经有所提及，在此不再过多展开。解决电动自行车进出楼宇对居民出入计数系统识别准

图 3-15　电动自行车与进出的居民均被识别为"人"

确率的影响，最简单的方式是通过行政或技术指令，要求居民测定期内不得将电动自行车带入楼宇大厅甚至电梯，或者在大厅位置临时增加电动自行车隔断区域，确保电动自行车不再进入识别区域，但这些措施最终均没有办法得到实施，为此研究团队只能通过技术手段解决此问题。校核过程中发现识别错误多发生于夜间，而且"后脑勺"识别产生的错误相对较多，为此首先想到的是在正门出入口识别区的内外侧各加装 1 台双目摄像头，全部识别人的正脸，力求通过内、外两台摄像头的"进""出"分别校核，以此提高居民进出计数数据的准确率，但后期发现这种方式也并不理想。随后更进一步研究发现，夜间识别准确率的降低更多可能源于声控灯的"滞后性"和灯光与摄像头的角度问题，为此后期采取增加夜间常亮式补光灯的方式，彻底解决摄像头夜间计数不准确问题，确保摄像头的识别准确率维持在较高水平。

与常州测定小区相比，深圳 A 小区的楼宇出入口相对简单，是没有电梯、没有地下室的楼宇结构，每个楼栋只有一个居民进出通道，且一楼层高和空间符合摄像头的安装条件要求，楼间空地上设置有电动自行车停车点，因此前期查勘和后期测试期间未发现电动自行车进入楼宇影响居民进出计数的情况，画线工作比较简单。但深圳地区雨天比较多，居民在楼道画线区域撑伞或穿脱雨披时，也容易出现误判问题，需要在测定系统调试阶段重点关注，并及时调整优化摄像头安装角度和环境灯光条件，提高识别精度，降低错误识别率。

3.2 识别功能设定

居民出入计数系统识别精准度的有效提升，除需要有摄像头的准确"识别"外，还需要重点考虑"识别"场景，即在地面什么位置，以什么角度和高度进行识别。另外还需要对"进"和"出"的动作做出判断，因此识别区域和进出方向的科学"画线"也是至关重要的一个环节。

常州现场正门出入口是居民进出最为频繁的出入口，因此成为对人员计数精准度影响最大的出入口。这个出入口不仅存在空间空旷平整，人员进出速度快的问题，还存在外卖、物流、物业等人员频繁进出问题，更存在住户搬运家具、携带大型犬进出影响识别结果的问题，以及电动自行车停放在正门大厅，甚至进入电梯上楼而被误识别的问题，这些都直接增加了人员识别和计数的难度和复杂性。现场试验确定，住户搬运家具对人员计数的影响相对较小，大型犬的误识别通常也可通过识别参照系的调整来解决，这两种问题几乎可以忽略，但电动自行车的影响相对较大。前已述及，降低电动自行车对人员计数影响的最好方式是禁止电动自行车进入，或者测定期间在电动自行车停放区域临时增加屏风，但这几种操作模式都会引起居民不满，可能不利于测定工作的顺利实施。为此，只能通过画线区域的调整优化解决电动自行车的影响问题。第一次人员识别画线时，我们希望尽量不要对大厅内停放的电动自行车进行识别，因此并没有将电动自行车停放区域划入识别区域（图3-16）。但是实际测试发现，当居民停放电动自行车或前往停车区域取车时，一般会从侧面离开或进入停车区域，很容易进入识别死角，经反复推敲研究，最终只能将正门大厅后居民可能行走的所有区域都划定为识别区域（图3-17），同时通过反复调整摄像头角度、优化识别参照系等方法来解决电动自行车的识别问题。常州被测定小区正门出入口识别区域的划定，为后续测试工作的快速高效推进

图 3-16　初步划定的正门出入口识别区域

提供了重要的技术信息，在楼宇选择时，我们不仅要关注居民出入口的数量，同时也要关注正门主要出入口的环境特征，并将其作为楼宇选择的一项辅助参考事项。

图 3-17　最终调整后的正门出入口识别区域

与正门出入口的复杂程度相比，消防出入口（图 3-18）和地下车库出入口（图 3-19）的环境条件要简单得多，这两个区域基本上没有杂物遮挡，也很少有家具、大型犬、电动自行车等进出的影响问题，再加上这个区域本身进出的人员数量也相对较少，因此一般只需要沿着人员可能行经的区域进行简单的不规则画线，就可以确保居民进出区域的全部划入，实现人员进出的精准识别和计数。

图 3-18　消防出入口识别区域划定

图 3-19　地下车库出入口识别区域划定

　　需要注意的是，居民楼宇出入口的形式和环境条件可能是多种多样的，尤其是楼宇内部还会有多条步行通道的设置。因此，在设置双目摄像头的识别参数时，既要结合各个出入口的实际条件进行调整，还要判定识别区域尤其是方向识别线的划定是否会造成人员的重复或者遗漏记录，最终需要进行白天、夜间多次试验确定合适的画线方式。

3.3　断点续传系统设计

　　考虑到临时安装的室外网络传输线路以及无线传输系统存在断网或掉线的风险，为此设置了摄像头视频在线存储和数据断点续传功能。常州现场使用的第一代测试装置调试初期，多次出现摄像头监控数据正常录制和传输，但居民出入计数系统记录的人口数据突然中断的情况，尤其是有些时候还存在数据传输滞后性问题。例如 8:15 开始的测定周期，居民出入计数系统本地服务器仅记录 8:15 ～ 16:35 的居民进出数据，而 16:36 至次日 8:14 的人口数据缺失。经查看，该阶段所有摄像头的视频数据完整，但 16:35 计数系统服务器出现短暂的不正常接收情况，导致居民出入计数系统无法正常重启，该测定周期后期的数据均未被正常接收，被系统直接认定为无效周期。通过对比多个相同类型无效周期的人口数据，确认摄像头数据传输中断情况并无规律可循，也就是说，摄像头数据传输中断时间具有随机性，中断原因多样且无法主观预判，成为影响测定工作进度的重要因素。

经对摄像监控系统设备、软件程序等进行全面检查和问题诊断，发现出现上述问题的直接原因是本地服务器接收摄像头上传人口数据的程序在测定过程中出现不明原因的休眠或关闭，最终导致本地服务器没有获得程序关闭时间段的人口数据；而且本地服务器数据接收软件再次启动后，上传的数据也无法有效衔接。由于第一代测定装置的数据接口协议等问题，最终商定采用摄像头记录数据直接自动上传至本地服务器的数据获取方式，也就相当于每一次摄像头识别到居民进出，自行存储并自动向本地服务器上传数据，这样本地服务器就可以按照上传数据的时间点作为居民进出楼宇的时间点。但本地服务器的人口数据接收程序关闭后，无法及时获取来自摄像头的远传数据，而受限于第一代产品的摄像头和本地服务器之间的数据传输协议及现场安装条件，所使用的数据接口和传输方式又暂时无法提供直接逆向读取摄像头数据的功能，这也是本地服务器数据接收程序重启后无法获取后续数据的主要原因。为此，对多种方案进行综合权衡，最终选用一种比较"傻瓜"的方法，即在本地服务器的人员计数程序自动重启后，直接启动断点续传程序并向摄像头逆向反馈居民出入计数系统非正常关闭的时间点，由摄像头内自耦的数据传输软件将居民出入计数系统关闭至重新启动期间的人员进出数据再次传送至本地服务器，保证本地服务器数据记录的完整、真实、有效性。由于第一代产品本身的性能局限，断点续传阶段的人口数据并没有每个居民的实际进出时间，因此在居民进出比较频繁的时间段如果出现本地服务器自动关闭的情况，可能会对该取样时间段的当量人口核算结果产生一定的影响，这也是实际测定过程中需要持续关注、摸索并进一步改进之处，是新产品研制阶段需要重点解决的问题。为切实解决第一代产品断点续传阶段的当量人口核算问题，在第一代产品本地服务器的居民出入计数系统中增设了断点续传数据人工校核子模块，出现断点续传情况时，系统自动提示需要采用人工识别模式进行断点续传阶段人员进出情况的校核。

3.4　识别准确率校核

　　原则上，摄像头识别准确率应按照某时间点摄像头计数的人员进出情况与人工查验的人员进出情况的差别进行校核。当然，考虑到大多数居民在楼宇内停留时间段的固定性和规律性，为进一步简化工作流程，有效指导摄像头安装调试工作快速推进，在测定初期，也可以通过考察连续数日固定 24h 居民进出总人数的差值，对监控摄像头的准确率做出初步预判。居民的生活规律通常较为固定，尤其是凌晨 2 点～5 点，多数人处于居家休息状态，楼宇人数长期变化一般并不明显，因此我们可以选择凌晨 2 点～5 点中的某个时间点作为基准点，连续记录该时间点至次日同一时间点的 24h 内，被测定楼宇的进入总人数与离开总人数的差值；或预先假定一个人数基准值，查看每天该时间点人员计数系统核算的人数情况。如果上述两个值出现持续性增长或降低，则表明摄像头存在比较明显的错误识别情况，如果只是小幅度上下波动，则符合楼宇内居民正常的生活规律，可以认定为摄像头识别准确率符合测定要求。

　　图 3-20 为非特殊节假日期间，常州连续 25 天凌晨 2 点进出楼宇人数差值的变化情况。由图 3-20 中数据可知，在第 1 天至第 12 天，进出楼宇人数的差值（进入人数－离开人数）波动较大，最大值为 33，最小值为 -18，连续 12 天的进出差值之和为 78。对于实际居住人口 200 人的楼宇而言，在无特殊节假日的 12 天楼宇内实际停留人数增加了 78 人，显然是不合理的。经人工排查，正门摄像头存在比较明显的误识别问题，为此对其安装角度和高度进行了调整，并优化光照条件，自第 13 天开始，楼宇进出人数差值的波动幅度明显减小，第 13 天至第 25 天的进出人数差值之和为 -1，考虑到存在居民出差、旅游等外出因素导致夜间回到楼宇的总人数有所变化，这个数据是在可接受的合理范围之内的。

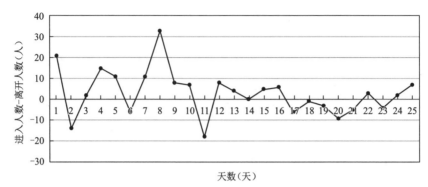

图 3-20 常州连续 25 天凌晨 2 点进出楼宇人数差值

当然，采用该方法对其他城市和地区的测试系统进行摄像头识别准确率校核时，我们应根据该地区居民的生活习惯，适当调整校核核算时间段，如夜生活比较少的城市可将校核时间提前至深夜 12 点左右，而夜生活比较活跃的城市可能需要将校核时间延后至凌晨 4 点～6 点，最佳校核时间点原则上也可以通过摄像头识别的人员进出情况确定，一般选择每天夜间进出人员数量相对较少的某个时间段即可。此外，当多次调查确认某时间点，如工作日上午或下午固定时间段被测定楼宇内居民的人数相对稳定时，也可以将这个时间段的楼宇内人数作为识别准确率的辅助校核标准。

4 平台调试与数据处理

4.1 装置识别

考虑到取样程序的复杂程度，第一套城镇居民生活污水污染物产生量测定装置出厂前，研究团队利用很长的时间进行了测定系统整体构架的建立，尤其是程序控制系统的设计，并在自动化设计、数据处理平台功能设计，以及测定装置与数据平台的关联设计等方面开展了长时间的调试和优化完善工作。但由于常州测定装置的设计加工、居民出入计数系统构建与数据处理平台的开发完善工作是同步实施的，装置出厂前，只能在设备制造企业内利用测试模块开展取样程序的调试和调整，而整个系统的调试工作只能在数据处理平台完整构建并完成所有设施的现场安装后才能实施。另外，考虑到实际开展测试时，一个数据处理平台可能服务于多台（套）设备，需要通过专属代码完成设备绑定；另外，部分核心设备损坏需更换时，也需要对新增设备进行平台绑定工作。为简化工作流程，实现相关设备的厂内预调试，数据处理平台和常州测定装置采取一次性录入的绑定模式，所有设备整体出厂前均已经绑定在测定装置自带的本地服务器和PLC系统中，现场仪表设备损坏后可直接通过本地服务器或PLC系统进行重新绑定。

第一套测定装置的关联模式为：将2台污水提升装置、1台污水收集计量装置直接与PLC关联，PLC与本地服务器关联；所有摄像头通过集线器与本地服务器关联，最终通过本地服务器完成测定数据的采集、交换、上传与校核。测定装置出厂前调试，重点考察确认污水收集计量装置可在PLC控制下，通过阀门、搅拌器、取样器、液位计等设施设备的联动启停，按照设定程序自动完成一个24h周期的全部取样过程，本地服务器可成功接收到污水收集计量装置、居民出入计数系统的数据信号，且整个系统的污水提升、收集计量、居民出入计数系统各部件单元之间关联耦合，数据获取准确。但由于装置调试是在设备制造企业内完成的，摄像头只能获取企业办公楼人员的进出情况，其环境条件与楼宇明显不同，且夜间进出人员相对较少，这也是造成后期现场调试期间居民出入计数系统调试耗费时间较长的重要原因。装置完成安装后，技术人员只需要登录城市数据处理平台，将本地服务器的唯一设备编码录入数据处理平台，并根据实际需要录入或修改部分设计参数，就可以完成测定装置与数据处理平台的绑定。

4.2 数据处理平台调试

前已述及，设备制造企业厂内的测试条件有限，尤其是人员出入计数条件与居民小区完全不同，再加之数据处理平台开发进度等因素，数据处理平台的调试，尤其是各个功能模块的试验验证其实是在常州测试现场进行的。其中，运行数据处理和展示功能调试工作主要是确认平台是否按照设定公式和计算模型对已经收集的数据进行处理、计算、统计并显示，属于模型开发的基础性工作，其各项功能比较容易实现，只是因为各功能单元、各参数相对复杂，需要通过现场试验反复校核纠错。为确保测定装置在无人值守的情况下按照既定流程完成各项工作，数据处理平台调试工作的重点在于设备运行状态的自主诊断，尤其是非正常运行工况的识别、无效测定周期的认定等。

按照系统设计，人均日污水排放量、污染物产生量以及污染物排放浓度等拟测定指标是通过从本地服务器上获取的每个测定周期不同取样时间段的起止时间、计量池液位（通过每个取样时间段的液位计算污水排放量）和人员"进""出"情况等原始数据，并由数据处理平台完成过程和最终结果计算而得到的，这个过程涉及前端设备数据读取、本地服务器和平台服务器数据接收、传输与记录、平台数据接收、计算与反馈多个环节，需要对各环节情况进行一一核对和调整，才能最终确保平台数据的可靠性，常州测算平台数据获取与传输过程及调试内容如图 3-21 所示。由于整个测算过程较为复杂，尤其是人员计数和不同取样时间段的各项指标核算，涉及大量的数据计算过程，因此调试期间的人工校核工作通常只是对设备前端记录的原始数据（图 3-22）和平台显示数据（图 3-23、图 3-24）进行比对，并按照抽样检验的方法，选择部分代表性时间点或时间段进行代表性指标的人工核算，以此确保整个系统的有效性。

设备状态识别显示与预警功能的调试，主要是通过核查数据平台的设备运行状态与前端设备运行状态及运行时间的一致性进行确认，尤其需要关注测定装置断电离线、设备故障或者某个点位发生溢流等突发情况时，测定系统是否可以准确识别故障情况，数据处理平台是否会按照设计要求及时有效发出预警预报信息并自动诊断是否为无效周期，是否仍可继续开展后续取样工作。调试期间，调试人员可通过手动操作模拟各种突发情况，以验证数据处理平台的运行稳定性和可靠性。常州数据处理平台突发情况提醒显示如图 3-25 所示。

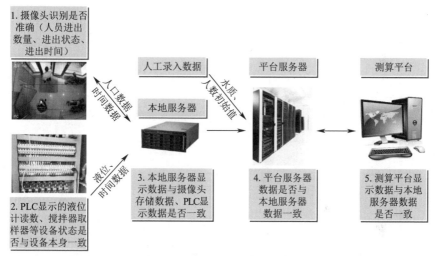

图 3-21　常州测算平台数据获取与传输过程及调试内容

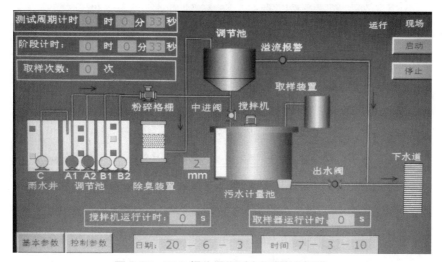

图 3-22　PLC 操作界面测定周期数据显示

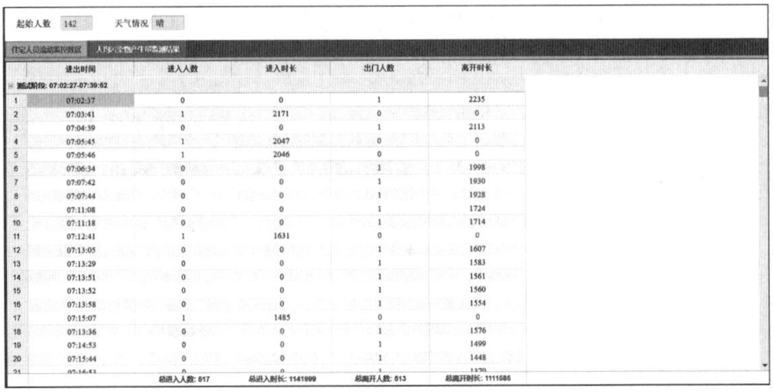

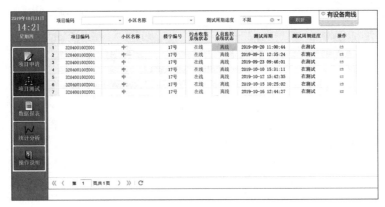

图 3-23　常州数据平台测定周期人口数据

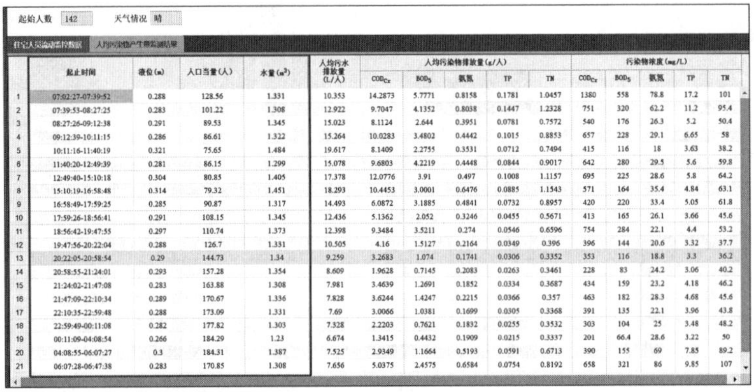

图 3-24　常州数据平台测定周期液位、人口当量、污水量等数据显示

图 3-25　常州数据处理平台突发情况提醒显示

鉴于测定方法本身的复杂性，如采用人工方式对每个测定周期 20 多个取样时间段的数据进行核算属于比较费时费力的工作，且很难保障数据结果的质量，但考虑到数据处理平台内部核算方法可能存在漏洞，为确保数据处理平台内测算方法的准确性，尤其是排污当量人口计算的准确性，我们仍选择部分测定周期进行全部数据的人工计算并与平台计算结果进行比对。常州数据平台调试期间，调试人员随机选择几个完整的 24h 周期数据，采用 Excel 数据表等形式，人工录入各个取样时间段的起止时间、污水量、污染物浓度、居民进出情况等原始数据，按照标准计算公式，逐一计算出每个取样时间段的排污当量人口等过程数据，核算人均日生活污水排放量、人均日生活污水污染物产生量和污染物排放浓度，并与数据处理平台结果进行逐一比对，以便及时发现模型设计、参数选择、数据获取等方面存在的一些细节问题，确保数据处理平台真实反映测定方法的计算要求。

4.3　入户调查与排污当量人口校核

4.3.1　入户调查

根据常州测定楼宇居民人数初始值入户调查经验，入户调查宜尽量选择居民进出情况相对较少，且楼宇内实际停留人数较少的时间段，如工作日 10 点～ 11 点或 14 点～ 16 点，其中选择人员进出情况相对较少的时间段主要是考虑居民进出可能会直接影响入户调查数据的准确性，降低调查工作的复杂性；选择楼宇内实际停留人数较少的时间段，则是尽量规避楼宇内居民对于安全因素的考虑而不愿意公开住户内基本信息等情况对测定结果的影响。为了尽量缩短调查时间，避免居民产生反感甚至抵触情绪，正式入户调查前，主要需要做以下准备工作：一是尽量简化入户调查问卷表格内容，尤其是剔除掉所有涉及隐私的内容；二是提前与物业公司、业主委员会沟通并征得其同意，协调 2 名物业人员配合开展调查工作；三是入户调查前 2 天，在一楼大厅张贴调查通知并发放调查问卷表格，让居民提前知晓调查事宜，争取居民的理解和配合；四是提前准备一些简单的日常生活用品作为入户调查的小礼品，以对居民的配合表示感谢。入户调查工作得到常州市排水管理处的大力支持，特别委派工作人员共同参与入户调查，为测定期间多次入户调查的顺利开展提供了有力保障。

按照测定系统原设定工作流程，正式入户调查时，同步开启居民出入计数系统并确保其处于正常运行状态，按照常州被测定楼宇楼层的基本情况，将调查人员分为5个小组，其中的两个小组各配置2人～3人，分别负责电梯左右各一侧2个居住户的调查，两个小组同时从顶层开始往下逐层敲门入户，询问长期居住和此时在家人员、用水习惯等相关问题并赠送小礼品，直至完成所有楼层的入户调查（图3-26）。剩余3个小组每组配备1人，分别负责3个出入口人员进出情况的统计，并及时记录进出人员的出入时间、出入楼层等基本信息，以防止出现重复统计的问题。考虑到入户调查期间进出楼宇的居民可能出现重复统计的情况，如居民由大门进入时被负责正门出入口的调查人员记录了进入信息，且同时被摄像头准确识别并记录，但该居民在回家后，入户调查人员才登门进行调查记录，导致出现重复记录情况，因此入户调查人员还应询问和记录是否有在某时间点之后回家或离开的人员，负责各出入口调查人员也应详细记录每个进入楼宇居民的具体进入时间，询问每个离开楼宇的人员是否已经完成入户调查工作。整个调查工作完成后，各小组人员要集中核对确认各种非正常出入情况，尽量降低入户调查的错误率。

前两次调查时，除需要了解居住人员情况外，往往还会询问生活用水习惯、装置测定运行影响等问题，了解居民是否由于测定工作已经产生不配合情绪并进行解释和安抚，因此一般用时较长。测定工作步入正轨后，入户调查工作通常可在40min左右结束，而且后续整个数据处理工作也相对简单很多。需要说明的是，3周岁以下婴幼儿虽然不要求计入楼宇内居民人数初始值，但在首次调查时也需要对这个年龄段的人数进行统计，以便掌握楼宇内居民的人口结构。通过常州和深圳2个楼宇的跟踪测定工作也可以确认，对于居民生活比较规律的楼宇或地区，工作日的上、下午时间段，居民或快递人员等外来人口进出频次一般并不高，其楼宇内停留的人口数量其实是比较稳定的，因此，也可以将工作日的某一个固定时间段作为调查时间，并以此时间段的楼宇内居民人数初始值作为后期人口校核的基准值。

（a）　　　　　　　　　　　　　　　　（b）

图 3-26　常州测试居民楼宇入户调查
（a）调查实景 1；（b）调查实景 2

4.3.2　排污当量人口校核

实际测定发现，虽然用于常州现场的双目监控摄像头的识别准确率已经达到 95% 以上，但是连续测定一段时间后，仍无法避免会出现楼宇内居住人口数偏离实际人数的情况。通过与设备厂家和相关专业技术人员沟通确定，本测定方法实施场景的人员识别计数条件比商场等大型活动场所、道路监控等场景复杂得多，对识别精准度的要求也更高。鉴于楼宇内实际环境条件、夜间监控识别需要以及不得影响居民正常生活等因素限制，摄像头漏识别、误识别等问题在现阶段难以彻底解决，多种类型或多个摄像头联合测试看似可以解决问题，但实际测试中发现其可操作性也不高。为了确保每个测定周期的排污当量人口数据都尽量接近于真实值，阶段性的人口校核工作是非常有必要的。基于居民出入计数系统对测定楼宇内居民进出情况的统计结果（图 3-27），发现大部分时间凌晨 2 点后楼宇内人员的进出频次非常少，而在凌晨 5 点以后陆续有人外出，因此正如第二部分第 5.2.6 节所述，常州测定期间采用连续数日每天凌晨 2 点楼宇内实际停留人数为基准值的校核方法。

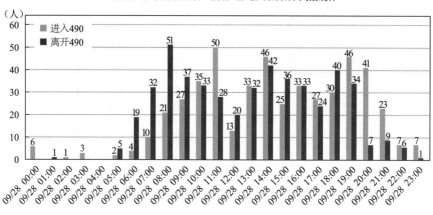

图 3-27 常州测定楼宇 24h 周期内正门出入口的人员进出情况

当然，凌晨 2 点楼宇内实际停留的人数也难免会因为少量人员临时入住或离开，或"三班倒"人员工作时间调整等而发生波动，但整体来看，非节假日楼宇内夜间的居住人员数量变化相对来说并不明显。研究团队经过多次的视频校核，最终确认常州被测定楼宇凌晨 2 点的停留人数通常在 180 人～ 200 人。因此，通过绘制凌晨 2 点被测定楼宇内的停留人数变化曲线，或者直接通过数据处理平台查看凌晨 2 点左右时间段的人口数，与 180 人～ 200 人的基准值进行比较，即可基本判断该周期的人口数据是否已偏离实际情况。参考上述基准值并在数据处理平台上修正该测定周期的居民人数初始值，即可完成该周期排污当量人口的校核。而在深圳 A 居民小区测试并经多次校核确认，9 点～ 10 点的人数相对固定，一般在（35±2）人，也可作为该小区每个测定周期的居民人数初始值。因此生活习惯不同的地区，应根据居民生活习惯确定最佳的停留人数校核时间段；对于居住人口中从事"三班倒"或定期值夜班工作的人数相对较多的楼宇，也有必要根据人员进出规律摸索确定具体的校核时间和基准值。

4.4　有效性分析与水质检测

4.4.1　有效性分析

确保测定周期数据的有效性是获取准确的城镇居民生活污水污染物产生量数据的关键。从《城镇居民生活污水污染物产生量测定》T/CUWA 10101—2021 中对质量保证和质量控制的具体技术要求，以及本书第二部分第 6.4 节提出的无效周期的识别要求和方法不难看出，在待测定楼宇类型、规模、人口结构等符合测试要求，测定装置设计及安装调试符合相关规定，楼宇内生活污水全收集全计量，污水计量池体积计量准确、混合效果良好的情况下，测定结果基本上可以得到保障。因此，测定阶段的数据有效性分析需要重点关注以下情况：一是每个测试周期内都不能有直接影响测试结果的报警信息，例如溢流、设备故障等；二是测定周期必须满足 24h 的时长要求，周期内生活污水污染物必须全部收集；三是取样时间段数量与采样瓶样品数量一致；四是居民出入计数系统运行正常，没有出现人口数据丢失或者偏离实际人口数量的情况。下面将结合常州实际测试情况，对后三种情况进行分析说明。

（1）测定系统的任一点位是否出现溢流、设备故障或出现其他不可预见因素，导致不满足测定周期 24h 时长要求。由于整个测定系统比较复杂，涉及的设施设备较多，在常州现场调试初期，尤其是尚未摸清被测定楼宇内居民的生活排水规律时，溢流以及设备故障的情况还是比较多见的。为此，常州数据平台设计了有效周期的识别功能，并增加相关情况的识别报警信号，即任一原因导致不满足 24h 测定周期时，数据平台将自动识别并标注无效周期，尤其是出现溢流或者设备故障时，数据平台会出现提示警报，为故障的快速响应和处理处置提供保障，提升了整个系统的自动化运行水平，也为无效数据的识别和剔除提供便利。在第二代数据平台开发时，也将报警信号甄别与后期应对纳入平台系统中，凡是出现不能满足 24h 测试周期的报警信息，数据处理平台及 PLC 控制系统会自动发出停止本次取样活动的指令，并在现场 PLC 显示屏上以红色警报信息明确标示并发出警报提醒声音，同时数据处理平台也无法调出相关数据表格信息，避免取样人员未加诊断的取样。

（2）取样时间段数量与采样瓶样品数量是否一致。一般情况下，每完成一个测定周期后，运维人员需要登录数据处理平台或通过现场 PLC 显示屏，确认测定周期的每个取样时间段的起止时间以及取样时间段数量，现场核对自动采样器内取到样品的采样瓶数量，核实取样时间段数量与实际取到的采样瓶数量是否一致（图 3-28）。需要注意的是，在清点样品时，除了关注取样数量外，还要核对每个采样瓶内的取样体积，确认是否按照取样体积参数设置要求完成取样流程，是否存在中间有半瓶、空瓶的情况，如有，则需要根据 PLC 以及数据处理平台记录的具体数据，逐一排查原因并进行调整解决。

（a）

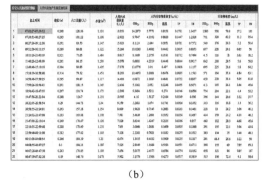
（b）

图 3-28　核对取得的样品与 PLC 记录的取样时间段

（a）核对样品瓶数量；（b）核对平台记录的取样时间段数量

（3）居民出入计数系统运行是否正常，是否存在人口数据丢失或者偏离实际人口数量的情况。常州测定期间，经过为期一个月左右的居民排水规律以及居民进出楼宇时间规律的跟踪研究，基本掌握了工作日及其早、中、晚不同时间段楼宇内居民的大概数量范围。因此，在测定周期开始前，通过数据平台连续记录的人口数据，校核前一周期完成后的某个时间点楼宇内的居民人口数，或者采用本部分第 3.4 节所述方法对凌晨某时间点连续多日的进出人口数量差进行核算后，即可大致判断人员计数系统记录的人口数据是否已偏离实际水平，这也应作为确定下一个测定周期是否正常启动的前提条件。当测定周期完成后，通过数据处理平台记录及核算的每个取样时间段的人口数据（图 3-29、图 3-30），即可判定测定过程中是否出现人口数据丢失或者其他错误情况。

	进出时间	进入人数	进入时长	出门人数	离开时长
测试阶段: 10:25:02-11:45:55					
1	10:25:47	1	4808	0	0
2	10:26:42	1	4753	0	0
3	10:27:02	1	4733	0	0
4	10:28:56	1	4619	0	0
5	10:30:17	0	0	1	4538
6	10:30:40	1	4515	0	0
7	10:31:33	1	4462	0	0
8	10:31:41	0	0	1	4454
9	10:32:07	1	4428	0	0
10	10:35:17	1	4238	0	0
11	10:35:18	1	4237	0	0
12	10:35:34	0	0	1	4221
13	10:35:41	1	4214	0	0
14	10:37:37	1	4098	0	0
15	10:38:23	0	0	1	4052
16	10:40:14	0	0	1	3941
17	10:40:41	1	3914	0	0
18	10:43:01	1	3774	0	0
19	10:43:32	1	3743	0	0

图 3-29　某测定周期第 1 取样时间段的人口进出数据

	进出时间	进入人数	进入时长	出门人数	离开时长
测试阶段: 10:25:02-11:45:55					
	阶段起始人数: 66	阶段进入人数: 34	阶段进入时长: 90914	阶段离开人数: 24	阶段离开时长: 45923
测试阶段: 11:45:56-13:05:02					
	阶段起始人数: 76	阶段进入人数: 33	阶段进入时长: 80050	阶段离开人数: 20	阶段离开时长: 46933
测试阶段: 13:05:03-15:33:15					
	阶段起始人数: 89	阶段进入人数: 32	阶段进入时长: 116841	阶段离开人数: 36	阶段离开时长: 177280
测试阶段: 15:33:16-17:27:26					
	阶段起始人数: 85	阶段进入人数: 77	阶段进入时长: 226301	阶段离开人数: 65	阶段离开时长: 240484
测试阶段: 17:27:27-18:28:31					
	阶段起始人数: 97	阶段进入人数: 64	阶段进入时长: 129148	阶段离开人数: 39	阶段离开时长: 71853
测试阶段: 18:28:32-19:25:37					
	阶段起始人数: 122	阶段进入人数: 51	阶段进入时长: 91811	阶段离开人数: 44	阶段离开时长: 81537
测试阶段: 19:25:38-20:06:40					
	阶段起始人数: 129	阶段进入人数: 33	阶段进入时长: 41543	阶段离开人数: 18	阶段离开时长: 23840
测试阶段: 20:06:41-20:36:43					
	阶段起始人数: 144	阶段进入人数: 17	阶段进入时长: 17327	阶段离开人数: 11	阶段离开时长: 11345
测试阶段: 20:36:44-21:05:46					
	阶段起始人数: 149	阶段进入人数: 13	阶段进入时长: 12584	阶段离开人数: 3	阶段离开时长: 3283

图 3-30　某测定周期多个取样时间段的人口统计数据

常州测定采用的是地上立管断接的污水收集方式，可以确保楼宇内居民产生的污水污染物及时全部收集进入污水提升装置。虽然污水提升装置和污水收集计量装置之间仍有一定的距离，但由于采用的是小口径压力管输送，污水会快速转输至收集计量装置，通常不会因污水或污染物停留而对测定结果产生明显影响。但是，对于深圳 A 小区这种采用地下横管安装方式，并大量使用原有污水管网的情况，污水提升装置的安装位置通常会受到地下施工条件的影响，一般会在楼宇最后一个汇水井或者方便污水收集提升装置施工的位置进行提升收集，但原有管网通常存在不均匀沉降、老旧腐蚀、错接混接、树根刺穿、检查井低流速等情况，如果位于高地下水位或丘陵地区，还可能存在地下水或山溪水入侵的情况，因此老旧小区利用原污水横管开展测定工作时，应首先对管网开展全面精细的检测评估，不仅需要确保楼宇污水管网只收集居民生活污水，确保楼宇内居民生活污水全部收集，还要确保管网内污水流速至少满足设计要求，降低污水转输过程的污染物沉积、污水外渗等对测定结果的影响，有条件时应对原管道段的所有横管进行平整性修复或更换，或在管道沿线高程低点检查井增加提升泵，确保生活污水快速转输至污水收集计量装置。

4.4.2　水质检测

水质检测工作作为基础数据获取的最后关键一环，原则上建议由地方排水监测站或通过国家检验检测机构资质认定的第三方机构完成。这主要是基于两个方面的考虑：一是不管是地方排水监测站还是第三方检测机构，均建立了相对完善的质量控制和质量保障机制，可以确保数据的准确性和可靠性；二是当连续测试导致水质检测工作量较大时，通过提前沟通协调一般可以确保水样及时送检，不仅能保证测定进度要求，还可以保障数据质量。

居民生活污水污染物产生量测定至少需要检测 COD、BOD_5、NH_3-N、TN 和 TP 五项指标，NO_3^-、PO_4^{3-} 指标可以根据需要增加。需要注意的是，上述各项指标均应按照《城镇居民生活污水污染物产生量测定》T/CUWA 10101—2021 标准要求，依据相应的国家标准或行业标准完成检测。本测定方法没有采用在线监测方式，也是出于对仪表监测精度和在线仪表有效性的考虑，目前的在线仪表用于成分相对复杂的进水水质检测尚难以达到标准方法要求，另外仍有 BOD_5 等核心指标无法通过在线仪表获取数据的问题。

常州被测定楼宇一天的污水排放量在 $30m^3$ 左右，通过取样液位、时间跨度等条件设置，一个 24h 测定周期可以取到 19 个～ 23 个水样，按照检测 COD、BOD_5、NH_3–N、TN 和 TP 五项指标测算，相当于每天要完成 100 多个水质指标的测试，专业机构的综合检测费用一般在 1 万元左右，测试工作的人力、物力和财力成本相对较高。因此，在水样送至化验室进行检测前，必须确定测定周期的有效性，确认为有效周期后才实施取样和测试化验工作，以免造成资源的浪费。

4.5　数据录入与结果显示

城镇居民生活污水污染物产生量测定数据平台的构建，使原本烦琐的人口数据、人均数据以及最终结果数据的计算处理工作变得非常简单快捷。按照测定方法要求，在获取水质检测数据之后，需要人工完成水质数据的录入或导入（图 3–31），为进一步减少分析化验人员数据录入的工作量，避免数据录入错误影响测定结果，数据处理平台中设置了分析化验结果导入 Excel 表格功能。每个有效测试周期完成后，系统会根据样品数量和时间间隔，自动生成原始数据表，化验人员只需要在完成化验工作后，按顺序填写化验结果并一次性导入，即可完成化验数据录入工作。数据平台在获取一个完整 24h 测定周期各取样时间段的污水排放量、污染物浓度、人口数据后，即可通过预设的数据计算模型，计算得到各取样时间段人均

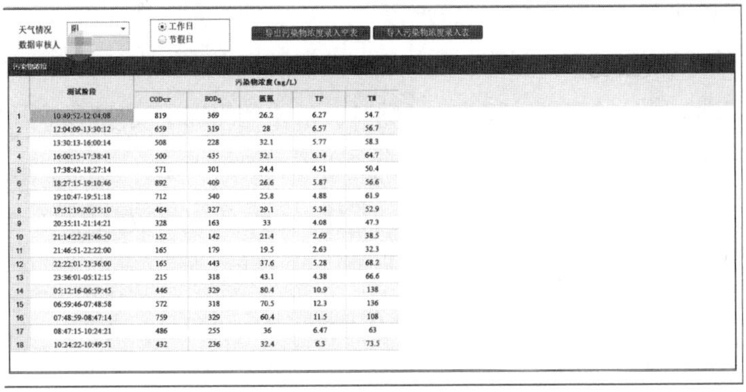

	测试阶段	污染物浓度（mg/L）				
		CODcr	BOD_5	氨氮	TP	TN
1	10:49:52-12:04:08	819	369	26.2	6.27	54.7
2	12:04:09-13:30:12	659	319	28	6.57	56.7
3	13:30:13-16:00:14	508	228	32.1	5.77	58.3
4	16:00:15-17:38:41	500	435	32.1	6.14	64.7
5	17:38:42-18:27:14	571	301	24.4	4.51	50.4
6	18:27:15-19:10:46	892	409	26.6	5.87	56.6
7	19:10:47-19:51:18	712	540	25.8	4.88	61.9
8	19:51:19-20:35:10	464	327	29.1	5.34	52.9
9	20:35:11-21:14:21	328	163	33	4.08	47.3
10	21:14:22-21:46:50	152	142	21.4	2.69	38.5
11	21:46:51-22:22:00	165	179	19.5	2.63	32.3
12	22:22:01-23:36:00	165	443	37.6	5.28	68.2
13	23:36:01-05:12:15	215	318	43.1	4.38	66.6
14	05:12:16-06:59:45	446	329	80.4	10.9	138
15	06:59:46-07:48:58	572	318	70.5	12.3	136
16	07:48:59-08:47:14	759	329	60.4	11.5	108
17	08:47:15-10:24:21	486	255	36	6.47	63
18	10:24:22-10:49:51	432	236	32.4	6.3	73.5

图 3-31　常州某测定周期的水质录入

污水排放量、人均污染物产生量及污水污染物排放浓度数据，并最终计算获得该周期的人均日污水排放量和人均日生活污水污染物产生量。图3-32为常州数据平台对某测定周期数据的处理和核算结果。

	起止时间	液位(m)	人口当量(人)	水量(m³)	人均污水排放量(L/人)	人均污染物排放量(g/人)					污染物浓度(mg/L)				
						CODcr	BOD5	氨氮	TP	TN	CODcr	BOD5	氨氮	TP	TN
1	09:28:37-10:05:42	0.283	131.99	1.308	9.91	6.9072	3.6072	0.4539	0.0782	0.5827	697	364	45.8	7.89	58.8
2	10:05:43-10:50:35	0.284	141.18	1.313	9.3	4.2874	2.0646	0.3088	0.0493	0.4194	461	222	33.2	5.3	45.1
3	10:50:36-11:43:50	0.289	132.99	1.336	10.046	4.0987	1.7882	0.3827	0.0553	0.4832	408	178	38.1	5.5	48.1
4	11:43:51-12:54:29	0.299	140.16	1.382	9.86	4.4469	2.2777	0.3372	0.0386	0.4141	451	231	34.2	3.91	42
5	12:54:30-14:45:20	0.306	128.69	1.414	10.988	6.208	3.2633	0.4999	0.0604	0.6823	565	297	45.5	5.5	62.1
6	14:45:21-16:36:31	0.311	139.03	1.438	10.343	6.4541	2.8237	0.6806	0.0938	0.9257	624	273	65.8	9.07	89.5
7	16:36:32-17:46:30	0.29	154.69	1.34	8.662	3.4823	1.5679	0.4868	0.0347	0.5769	402	181	56.2	4.01	66.6
8	17:46:31-18:42:46	0.281	154.24	1.299	8.422	6.0722	3.2003	0.5121	0.0803	0.6813	721	380	60.8	9.54	80.9
9	18:42:47-19:18:36	0.295	141.32	1.364	9.652	5.2506	2.4805	0.3677	0.0432	0.47	544	257	38.1	4.48	48.7
10	19:18:37-19:52:05	0.28	152.21	1.394	8.501	5.798	2.9245	0.3146	0.0562	0.4438	682	344	37	6.61	52.2
11	19:52:06-20:21:54	0.288	157.25	1.331	8.464	3.301	1.549	0.2201	0.0317	0.3132	390	183	26	3.74	37
12	20:21:55-21:01:25	0.295	167.95	1.364	8.121	3.3217	1.5837	0.1892	0.0257	0.2485	409	195	23.3	3.16	30.6
13	21:01:26-21:26:32	0.287	183.13	1.327	7.246	2.3333	0.9637	0.2565	0.0291	0.3297	322	133	35.4	4.01	45.5
14	21:26:33-21:50:38	0.279	189	1.29	6.825	2.191	0.9283	0.2211	0.0287	0.3126	321	136	32.4	4.2	45.8
15	21:50:39-22:25:28	0.285	193.33	1.317	6.812	1.6554	0.6594	0.2282	0.0222	0.2841	243	96.8	33.5	3.26	41.7
16	22:25:29-23:27:45	0.284	198.52	1.313	6.614	2.2289	0.9127	0.2784	0.0234	0.334	337	138	42.1	3.54	50.5
17	23:27:46-01:52:05	0.266	204.65	1.23	6.01	1.8151	1.0758	0.2374	0.0206	0.2789	302	179	39.5	3.42	46.4
18	01:52:06-05:48:39	0.258	206.88	1.193	5.767	1.6435	0.8881	0.395	0.0324	0.455	285	154	68.5	5.62	78.9
19	05:48:40-06:32:31	0.3	198.09	1.387	7.002	4.4882	2.0445	0.9383	0.0854	1.0363	641	292	134	12.2	148
20	06:32:32-07:07:21	0.293	173.91	1.354	7.786	5.1152	2.2812	0.6166	0.1051	0.8331	657	293	79.2	13.5	107
21	07:07:22-07:49:33	0.284	147.45	1.313	8.905	5.6812	2.1104	0.642	0.0886	0.8326	638	237	72.1	9.95	93.5
22	07:49:34-08:42:10	0.303	121.91	1.401	11.492	9.9945	4.344	0.8182	0.1322	1.1607	870	378	71.2	11.5	101
23	08:42:11-09:28:56	0.21	110.04	0.971	8.824	5.3915	1.7825	0.3238	0.0649	0.5206	611	202	36.7	7.35	59
	测量结果			30.28	198.86	102.17	47.12	8.71	1.28	12.62	522.48	240.96	49.68	6.88	64.84

图 3-32　常州某测定周期的数据处理结果

5　结果应用

城镇居民生活污水污染物产生量测定不仅能够获得本地区人均生活污水产排量、污染物浓度、污染物产生量等关键行业基础数据，还可以获得更加详细的各项指标时变化特征，科学反映居民日常生活规律，为科学研究、工程设计和行业管理等工作提供全方位的数据支持。该项测定工作还可以获得楼宇内实际停留居民的时间变化规律，为社会行为研究提供数据支撑，也可用于支撑居民小区排水系统检测评估等工作。另外，常州和深圳不同地区的居民生活污水污染物产生量测定结果的差异性，也能为不同发展类型、区域特征、生活习惯的城市生活污水处理工程规划、设计与建设运维等提供数据基础。考虑到深圳测试工作尚处于初步阶段，本书仅对常州测试结果进行分析。

5.1 测定结果的季节变化特征

虽然受各种因素的影响，常州居民生活污水污染物产生量跟踪测定工作仅完成 2019 年 10 月、11 月和 2020 年 6 月、11 月共计不足 20 个有效周期的测试数据，但根据获取的该楼宇内居民冬、夏两个时间段生活污水排放量、污染物排放浓度、污染物产生量和各污染物浓度比值及其时间变化规律的数据，不难发现居民生活污水污染物排放明显的季节变化特征，这可能与季节变化所带来的居民饮食、生活习惯的变化密切相关。

5.1.1 人均污水污染物产生量

常州被测定楼宇居民 10 月 ～ 11 月和 6 月两个时间段的生活污水污染物产生量测定结果，及其与不同国家居民生活污水污染物产生量的对比数据见表 3-2。

表3-2 不同国家居民生活污水污染物产生量数据　　单位: g/(人·d)

	COD	BOD_5	$NH_3\text{-}N$	TN	TP
常州冬季*（平均值）	108 ～ 148（131）	53 ～ 81（69）	7.4 ～ 12.6（10.2）	14.0 ～ 19.3（17.1）	1.37 ～ 1.71（1.62）
常州夏季*（平均值）	98 ～ 145（119）	33 ～ 57（48）	8.3 ～ 10.2（8.9）	11.5 ～ 16.9（13.5）	1.28 ～ 1.92（1.45）
英国南方水务**	—	60	8	11	2.5
日本***	—	58±17	—	11±3	1.3±0.4
美国	—	50 ～ 120	—	9 ～ 22	2.7 ～ 4.5
德国	—	55 ～ 68	—	11 ～ 16	1.2 ～ 1.6

注：*中国常州为本研究团队实测数据，不含夏季周末结果；
　　**英国南方水务的TN数据为总凯氏氮；
　　***日本数据为平均值±标准偏差。

从表 3-2 测定结果不难看出，常州居民生活污水污染物（BOD_5、TN 和 TP）产生量的测定结果与德国的数据非常接近；其 BOD_5 数值均涵盖在英国南方水务、日本、美国、德国的取值范围内；$NH_3\text{-}N$ 值略高于英国南方水务（其他国家无该参数值）；TN 值略高于日本和德国，在美国的取值范围内；TP 值略低于英国南方水务和美国，与日本和德国的取值基本相当。另外，从常州测定结果的季节性变化规律也不难看出，各项指标夏季结果均略低于冬季，其中 BOD_5、TN 的降幅明显，这可能与居民夏季饮食清淡、饮食量减少有关。

5.1.2　楼宇居民排水量及污染物浓度

常州被测定楼宇居民 10 月～ 11 月和 6 月两个时间段的人均日生活污水排放量（折算值）和污水污染物排放浓度值见表 3-3。

表3-3　常州居民人均日排水量与污染物浓度

	人均日排水量 [L/（人·d）]	COD （mg/L）	BOD_5 （mg/L）	NH_3-N （mg/L）	TN （mg/L）	TP （mg/L）
常州冬季 （平均值）	198 ～ 267 （237）	491 ～ 635 （552）	259 ～ 323 （288）	31.8 ～ 53.6 （43.6）	63.1 ～ 79.2 （72.3）	6.21 ～ 7.45 （6.86）
常州夏季 （平均值）	196 ～ 286 （243）	393 ～ 570 （491）	132 ～ 241 （196）	28.9 ～ 49.6 （37.2）	46.5 ～ 66.2 （55.8）	5.24 ～ 7.53 （5.96）

从表 3-3 中数据不难看出，常州被测定楼宇居民夏季人均日污水排放量较冬季高出 2.5% 左右，而其 COD、BOD_5、NH_3-N、TN 和 TP 夏季浓度分别约为冬季浓度的 89%、68%、85%、77% 和 87%，很好地反映了居民冬、夏季用水量变化导致的浓度降低问题。当然测定结果中 BOD_5、TN 的夏季人均日产生量和污染物浓度均呈现相对较低水平，究竟是因为生活习惯变化所致，还是用水变化对测定结果产生的影响，有待进一步研究。

另外，常州被测定楼宇 10 月～ 11 月的污水 BOD_5/COD 为 0.47 ～ 0.56，平均为 0.52；6 月份的污水 BOD_5/COD 为 0.33 ～ 0.47，平均为 0.40。10 月～ 11 月的污水 BOD_5/TN 为 3.27 ～ 4.40，平均为 3.99；6 月的污水 BOD_5/TN 为 2.83 ～ 4.08，平均为 3.52；10 月～ 11 月的污水 BOD_5/TP 为 34.77 ～ 48.66，平均为 42.07；6 月的污水 BOD_5/TP 为 25.11 ～ 37.83，平均为 32.99。上述数据结论意味着楼宇内居民生活污水的 BOD_5/COD、BOD_5/TN 和 BOD_5/TP 均呈现夏季低于冬季的情况，虽然具体原因尚待进

一步研究，但该测定结论可为城市污水处理工程设计、运行、管理、评估等提供更为科学的依据和指导。

基于上述数据规律，建议每个居民楼宇的测定工作涵盖一年四季，每个季节至少有数日至数十日的测定数据才可以真实反映本楼宇或本区域居民的日常生活污水污染物产排水平及其变化特征。对于季节变化不明显的城市，也可以根据该地区历年气温变化，尤其是居民生活习惯的变化情况，科学制定测定方案，但原则上建议涵盖 2 个～3 个具有代表性的时间段。在具体测定时间选择上，结合常州夏季的测定结果，再次确认每个测定周期原则上不宜包括周末时间段。为此，在深圳居民小区测试项目中设置两个不同类型小区，每个小区制定不少于 1 年跨度的测定工作计划。

5.2 测定结果的时变化特征

项目研究团队已经将常州居民楼宇某 24h 测定周期不同取样时间段的测定结果发表于《中国给水排水》2020 年第 36 卷第 6 期，图 3-33～图 3-37 为不同取样时间间隔内，楼宇内居民生活污水 COD、BOD_5、NH_3-N、TN 和 TP 排放浓度和产生量（折合）的变化特征。前已述及，本测定系统的污水收集模式以固定容积法为主，对于被测定楼宇而言，排污人口数和人均瞬时排水量都处于波动状态，因此固定容积法的取样时间间隔一般并不相同。图中直线段长度代表每个取样时间段的长度比例关系，从图中也不难看出，取样时间相对较短的 7 点～9 点和 18 点～22 点，很多取样时间仅为 30min～50min，而凌晨的取样时间长度通常达数小时。

从图 3-32～图 3-37 中不难看出，即使采用全收集、完全混合模式，楼宇内居民污水排放浓度和折算的污水污染物产生量仍处于高度波动状态，最大值与最小值之间有数倍至十数倍的波动幅度，这也是居民楼宇或居民小区总排口无法获取可以真实代表楼宇内居民排污水平检测数据的原因之一。当然，随着污水处理提质增效工作的推进、污水处理排放标准的提升和精细化程度的提高，上述污染物浓度和产生量的时波动规律也必将对工程设计、实施和运行管理提供有力的科技支撑。

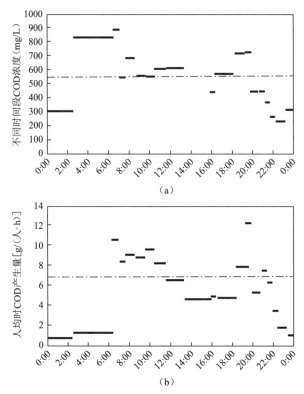

图 3-33　常州楼宇居民 24h 不同时间段污水 COD 浓度及产生量

（a）COD 浓度；（b）人均时 COD 产生量

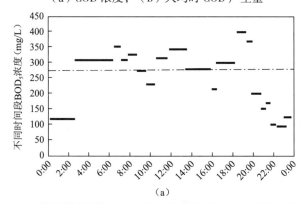

图 3-34　常州楼宇居民 24h 不同时间段污水 BOD₅ 浓度及产生量

（a）BOD₅ 浓度

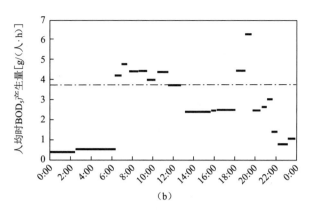

图 3-34 常州楼宇居民 24h 不同时间段污水 BOD₅ 浓度及产生量（续）

（b）人均时 BOD₅ 产生量

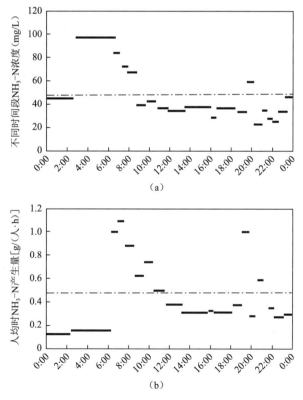

图 3-35 常州楼宇居民 24h 不同时间段污水 NH₃-N 浓度及产生量

（a）NH₃-N 浓度；（b）人均时 NH₃-N 产生量

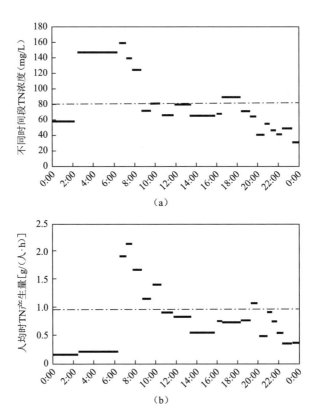

（a）

（b）

图 3-36　常州楼宇居民 24h 不同时间段污水 TN 浓度及产生量

（a）TN 浓度；（b）人均时 TN 产生量

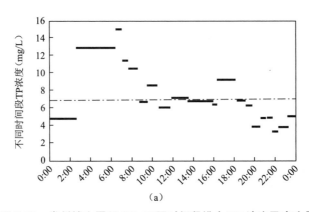

（a）

图 3-37　常州楼宇居民 24h 不同时间段排水 TP 浓度及产生量

（a）TP 浓度

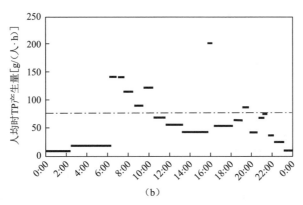

图 3-37　常州楼宇居民 24h 不同时间段排水 TP 浓度及产生量（续）

（b）人均时 TP 产生量

5.3　工作日与周末的区别

在中国城镇供水排水协会《城镇居民生活污水污染物产生量测定》T/CUWA 10101—2021 标准中，明确提出仅测定工作日的数据，原则上周末不做测定，为进一步说明周末不做测定的原因，6 月份在常州测试现场安排了连续两天的（跨）周末的测试。

表 3-4 和表 3-5 分别为常州夏季工作日和周末的人均日生活污水污染物产生量及污染物浓度的均值，从表中数据不难发现，夏季周末各项指标的产生量平均值明显低于夏季工作日，人均日污水排放量明显低于工作日，而各项污染指标的浓度却明显高于工作日，但高出幅度没有污水排放量降低幅度多。这从侧面反映了楼宇内居民周末的生活习惯与工作日明显不同，年轻人周末居家用水量相对较小，午晚餐期间外出可能是产生上述情况的根本原因。

表3-4　常州夏季工作日和周末居民人均日生活污水污染物产生量　　　单位：g/（人·d）

	COD	BOD$_5$	NH$_3$-N	TN	TP
夏季工作日	124	48	8.9	14.0	1.50
夏季周末	106	45	9	12.2	1.29

表3-5 常州夏季工作日和周末居民人均日生活污水排放量及污染物浓度

	人均日污水排放量 [L/（人·d）]	COD （mg/L）	BOD₅ （mg/L）	NH₃-N （mg/L）	TN （mg/L）	TP （mg/L）
夏季工作日	255	486	189	35.1	54.8	5.89
夏季周末	208	508	218	43.6	58.6	6.18

为进一步研究工作日和周末出现差异性的原因，又对工作日和周末楼宇内居民人数的变化特征进行研究（图3-38）。从工作日和周末不同时间段楼宇内居民人数的变化曲线不难看出，周末会有很多人在10点～11点外出，在14点～16点许多居民返回，之后17点又会有大量居民外出，

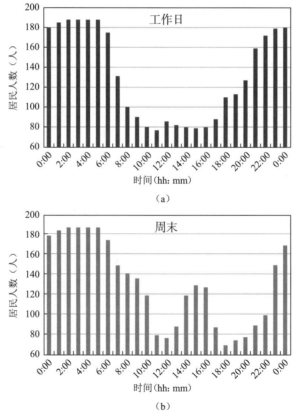

图3-38 常州工作日与周末楼宇内居民人数变化情况

（a）工作日；（b）周末

也就意味着周末很多人外出就餐，从而将大量有机物消耗在楼宇外，这或许是周末污染物产生量低于工作日的主要原因，周末测定结果明显存在"漏项"，不能代表居民生活污水污染物产生量的真实水平，因此《城镇居民生活污水污染物产生量测定》T/CUWA 10101—2021 提出的不做周末测试，是非常有必要的。

参考文献

[1] 中国城镇供水排水协会.中国城镇水务行业年度发展报告（2021）[M].北京：中国建筑工业出版社，2022.

[2] 中国城镇供水排水协会.中国城镇水务行业年度发展报告（2022）[M].北京：中国建筑工业出版社，2023.

[3] 高晨晨，孙永利，刘钰，等.国际常用污水处理指标及其适用性分析 [J].给水排水，2019，55(11): 38-41.

[4] 孙永利，郑兴灿，高晨晨，等.城镇居民人均日生活污水污染物产生量测算之方法构建 [J].中国给水排水，2019，35(24): 1-4.

[5] 张维，孙永利，郑兴灿，等.城镇居民生活污水污染物产生量测定技术难点与启示 [J].给水排水，2021，57(5): 52-57.

[6] 孙永利，张维，郑兴灿，等.城镇居民人均日生活污水污染物产生量测算之产污规律 [J].中国给水排水，2020，36(6): 1-6.

[7] 张维，王诣达，孙永利，等.城镇居民生活污水污染物产生量测算之季节特征 [J].中国给水排水，2022，38(23): 69-73.

[8] 孙永利，吴凡松，李文秋，等.城市生活污水集中收集率和污水处理厂进水浓度问题的思考 [J].给水排水，2023，59(1): 41-46.

[9] 王钟.典型城市居民家庭排水产污系数研究 [D].长沙：湖南农业大学，2009.

[10] Luostarinen S, Sanders W, Kujawa-Roeleveld K, et al.Effect of temperature on anaerobic treatment of black water in UASB-septic tank systems[J].Bioresource Technology, 2007, 98(5): 980-986.

[11] 项秀丽.广州五个代表性家庭生活源氮和磷的产污过程研究 [D].广州：暨南大学，2009.

[12]Watson K S, Farrell R P, Anderson J S.The contribution from the individual home to the sewer system[J].Journal Water Pollution Control Federation, 1967, 39(12): 2039-2054.

[13] 孙静，宋兵魁，王子林，等 . 北方缺水城市城镇居民生活排污系数调查研究——以天津市为例 [J]. 环境污染与防治，2018，40(1): 112-117.

[14] 胡爽 . 重庆市生活污染源产排污系数研究 [D]. 重庆：重庆大学，2008.

[15] 石宏奎 . 呼和浩特市生活污染源水污染物产排污系数研究 [D]. 呼和浩特：内蒙古大学，2013.

[16] 谢中伟，袁国林，赵磊，等 . 城市居民小区排污系数估算——以昆明、大理和禄劝为例 [J]. 云南地理环境研究，2008(2): 119-123.

[17] 赵海霞，王淑芬，崔建鑫，等 . 城镇生活污染排放系数调查与核算——以常州市为例 [J]. 环境科学学报，2016，36(7): 2658-2663.

[18] 朱环，李怀正，叶建锋，等 . 上海市居民生活用水主要污染物产生系数的研究 [J]. 中国环境科学，2010，30(1): 37-41.

[19]Alexander G, Stevens R.Per capita phosphorus loading from domestic sewage[J].Water Research, 1976, 10(9): 757-764.

[20]Mesdaghinia A, Nasseri S, Mahvi A H, et al.The estimation of per capita loadings of domestic wastewater in Tehran[J].Journal of Environmental Health Science and Engineering, 2015, 13(1): 25.

[21]Zanoni A E, Rutkowski R J.Per capita loadings of domestic wastewater[J].Journal Water Pollution Control Federation, 1972，44(9): 1756-1762.

[22] 丁宏翔，罗延龄 . 基于城镇污水处理厂运行情况的城镇生活污水污染核算方法——以滇池流域城镇生活污水污染核算为实例 [J]. 四川环境，2014，33(2): 49-52.

[23] 钱骏，杨珊珊，肖杰，等 . 四川省生活污水产污系数研究 [J]. 四

川环境，2009，28(1): 27-32.

[24] 曹业始，郑兴灿，刘智晓，等 . 中国城市污水处理的瓶颈、缘由及可能的解决方案 [J]. 北京工业大学学报，2021，47(11): 1292-1302.

[25]Hvitved-Jacobsen T, Vollertsen J, Tanaka N.Wastewater quality changes during transport in sewers—An integrated aerobic and anaerobic model concept for carbon and sulfur microbial transformations[J].Water Science and Technology, 1999, 39(2): 233-249.

[26]Raunkjaer K, Hvitved-Jacobsen T, Nielsen P H.Transformation of organic matter in a gravity sewer[J].Water Environment Research, 1995, 67(2): 181-188.

[27]Tanaka N, Hvitved-Jacobsen T.Transformations of wastewater organic matter in sewers under changing aerobic/anaerobic conditions[J].Water Science and Technology, 1998, 37(1): 105-113.

[28]Qteishat O, Myszograj S, Suchowska-Kisielewicz M.Changes of wastewater characteristic during transport in sewers[J].WSEAS Transactions on Environment and Development, 2011, 7(11): 349-358.

[29]Nielsen P H, Raunkjær K, Norsker N H, et al.Transformation of wastewater in sewer systems—A review[J].Water Science and Technology, 1992, 25(6): 17-31.